猫咪的第一本游戏书

玩出亲密与纪律

[日] 坂崎清歌
[日] 青木爱弓 著

牛莹莹 译

 世界图书出版公司

上海·西安·北京·广州

哪怕只有一小段空隙或者落差都能让我产生浓厚兴趣。我可是非常喜欢探险的。

玩累了就和心爱的玩具一起眯一会儿，补充能量。

纸板箱是非常好的隐藏工具。我正埋伏在里面，看看四周有没有异常情况！

发现猎物！我知道那是兄弟的尾巴，但依然兴奋不已♡

好困啊，可还是很想玩！静静地翻着眼珠卖个萌，拜托再陪我玩一会儿嘛。

听到响片的声音就有零食吃，
这是好玩的游戏即将开始的
信号♪

新的一天从击掌练习开始。
今天也要陪我一起玩哟，
喵！

可以水平上下移动，最适合
游戏开始前进行热身！

一动不动地盯着喜欢的玩具！跟着它移动还能锻炼自己的捕猎能力，喵。

主人用牙刷给我按摩，舒服得都快上瘾啦！？

主人的怀抱是我的特等座。
被主人抱着的时候真是太
幸福了，喵♡

和主人在一起就是游戏时间。
一想到接下来要玩些什么，我
的心脏就怦怦直跳，兴奋不已。

再跟我
玩一会
儿嘛！

响片是可以让人类和猫咪愉快地进行沟通的工具之一。

玩一会儿歇一会儿，一张一弛才能给猫咪的生活带来刺激。

通过轻松的游戏，让猫咪得到模拟的喂药体验，可以减轻它们的压力。

使用指挥棒进行响片游戏训练，让我们来学习这项所有秘方的基本技能吧。

在乖乖吃着药片的我家爱猫Daikichi旁边，Nyanmaru像是在等着做游戏一样排队等吃药。

好好利用猫爬架来进行运动和游戏吧。

前　言

　　本书主要介绍如何与猫咪愉快沟通的一些提示和想法。我相信在全心全意地享受与猫咪一起玩游戏的过程中，大家就能学会在实际生活中有效的沟通方法。本书提到的主要是指在室内养育的猫咪，有人可能正在跟不太适应人类的猫咪一起生活，本书也为他们提供了可以挑战一下的"秘方"。为了与猫咪好好相处，请一定一步一步地去练习。对于那些已经和自家猫咪处得很好的人士来说，通过本书介绍的方法和猫咪一起玩游戏的话，他们的关系一定会更上一层楼的。

　　也许有人会觉得："搞好关系还要训练？猫咪是自由自在、悠闲度日的动物。哪怕它们不听我们的使唤，光是待着就足够可爱了，训练什么的简直是荒谬！"的确，猫咪存在的本身就很美好，并不需要我们来让它们做这个做那个。然而，这么可爱的猫咪突然生病的时候，你会怎么做？为了它好，就把它硬塞进航空箱？或者摁住给它喂药？身体好的时候，也这样强行给它剪趾甲、刷毛或者刷牙？这么做虽然能达到目的，但这样做真的好吗？

　　在我学习训练方法之前，给我们家猫咪喂药是件头疼的事。一个人是怎么也喂不进去的，必须和我先生一起，先用毛巾裹住它防止它乱抓，然后撬开它的嘴巴把药硬塞进去。寻思着终于喂进去了，它的嘴巴又开始像螃蟹一样吐起了泡泡……我们一直重复着类似的操作，也始终相信剪趾甲的话只要摁住并尽快剪掉就行了。

　　然而有一天，我了解到可以对猫咪进行训练，于是先对它进行了一些所谓的"技能"训练。好多爱猫人士会"不想做那样的事"，但"那样的事"却有它存在的价值。实际上为了让猫咪不讨厌各种各样的护理而进行的训练是有点难度的，本书的后半部分作了这方面的介绍。要做好一件事情，练习是必备的。通过从"那样的事"开始练习，万一做不好失败了的话，谁也不会觉得痛苦。猫咪吃到了零食，而你也只需要换一种方法进行训练就行了。此外，任何事都需要"那样的事"作为基础练习。比如运动时进行的运球、空抢球棒、充分的跑步练习等，踏实地做好这些练习才能真正做好运动。这样按照自己的节奏埋头练习，就能逐渐变得熟练起来。每一个游戏都和猫咪一起，一边享受一边取得交流，就能开始本书后半部分的受诊动作训练。（※）

受诊动作训练，这正是作为猫主人的我们所期待的那种训练。不想让猫咪有不好的回忆，但各种各样的护理和治疗又是必需的，也希望它们能接受……猫主人如果真心为猫咪着想的话，应该没有人愿意强行摁住它们进行护理或治疗。如果按照本书提供的方法和猫咪一起做游戏的话，就不会给它们造成被强迫做事的负担，轻松搞定各种护理。实际上自从我家的爱猫们经过训练之后，只要看到我准备喂药了，它们就会自动来到我跟前等待吃药。当然，我一个人就可以完成这项工作了。

这些训练是有科学依据的。把训练融入日常生活当中，并不是为了让猫咪听话，而是想在减轻它们压力的同时给予它们恰当的护理。我想这些事关系到猫咪的幸福，而猫咪的幸福又关系到猫主人的幸福。

猫咪生活在室内有限的空间里，为了它们能跟我们一起健康快乐地生活，猫主人好好地陪它们玩耍是很有必要的。即使随着年龄的增长，猫咪对玩具渐渐失去兴趣，也不太去使用猫爬架了，本书的方法依然有效。大家容易误会训练只对年幼的猫咪起作用，其实完全不是这样的。本书介绍的"秘方"都是在对猫咪细致观察的基础上，科学定制出的可以和猫咪像玩游戏一样进行的训练方法。不单单和猫咪玩玩具，通过和猫咪一起做游戏，还能打开与猫咪沟通的一扇新大门。请怀着轻松愉快的心情去挑战一下吧。

※ 受诊动作训练是指教动物们做包含健康管理在内的饲养管理相关的动作。（详见P98-99）
※ 本书大部分内容由坂崎清歌执笔，青木爱弓执笔"小专栏"的一部分。

目录

第1章

和猫咪一起玩游戏之准备篇

　　如果了解猫咪的行为心理和机制的话，和它一起度过的每一天将会变得更加快乐和充实。为此，我们理解了"对与猫咪共处有帮助的游戏规则"之后，再将这些规则传达给猫咪是关键。让我们和猫咪一起，先从适应"秘方"中会使用到的响片和指挥棒这类工具开始吧。打好基础之后才能享受到练习游戏"秘方"的乐趣。

游戏前的准备

　　本书介绍的大部分游戏"秘方"里，都会用到会发出声音的响片和作为奖励的零食。作为和猫咪一起享受响片游戏的准备，先从"寻找我们家猫咪喜欢的食物"入手吧。

　　响片游戏中最重要的是，简单明了地向猫咪传达"做对了！""真乖"这样的信息。因此，猫咪喜爱的"奖励品"成为重中之重。也许有人会觉得奖励可以不局限于食物，抚摸和玩玩具不是也可以吗？但是，如果将抚摸和玩玩具作为奖励的话，响片游戏会因此彻底中断，简单明了地向猫咪传达"做对了！"的信息将成为难题。为了让猫咪体验到乐趣，还是先为它们准备好最喜欢的食物奖励吧。

　　为了让猫咪喜欢上响片游戏，还有一项重要的准备工作，即让它们爱上响片的声音。

　　我们推荐使用发出"咔嗒"声的响片，作为让猫咪知道自己"做对了"的工具。然而猫咪并不是天生就喜欢响片的声音的。为了好好做游戏，必须让它们爱上响片的声音。一旦找到了它们喜欢的奖励品，接下来就要进行连接奖励品和响片声音的"充电"操作（详见 P23-24 上的介绍）。

在刚开始做响片游戏的时候，有的猫咪很快会感到厌倦。对此无须惊讶，因为这是常有的事，所以不用放在心上。在开始着手一件新事物的时候，人们总是容易太过热情。而从本质上来说，猫咪是我行我素的一种动物，所以不太会立马喜欢上突如其来的游戏。我们需要尊重猫咪的节奏。比如说，对于原本喜欢一口气吃十颗松脆零食的猫咪来说，如果"咔嗒"一下只能吃一颗（充电的方法），那恐怕它无论多喜欢这种零食也不会爱上"咔嗒"声的。忽然改变猫咪既往的生活方式，对它和主人来说都是一种负担，所以我们建议你和猫咪一边练习一边找寻"适合自己的方式"。

想要给喜欢的伙伴喜欢的东西，这是真情流露。在响片游戏里，我们可以看到猫咪高兴和享受的样子，这会成为猫咪和主人一起交流的快乐时光。

需要准备的东西　**练习游戏"秘方"时需要准备的物品。**

响片
会发出"咔嗒"声的道具，是游戏"秘方"中的必需品。P21-24有详细介绍。

指挥棒
响片游戏中使用的道具，主要针对初学者。具体用法在P25-27有详细介绍。

零食（奖励品）
挑选家里猫咪最喜欢吃的那种吧。关于种类、大小和给法详见P18-19的介绍。

关于奖励品

奖励品一定要用"我们家猫咪"喜欢的食物，不能按照"它应该会喜欢"的标准来选择。请一定要仔细观察并确认好是自家猫咪真正喜欢的东西。

作为响片游戏的准备之一，一开始要"充电"（参考P23-24）。对任何事来说，第一印象都非常重要。充电时，请务必使用自家猫咪特别喜欢的食物。等它开始习惯游戏之后，再将奖励品与它的努力程度挂钩。如果能灵活运用不同的奖励品，对猫咪的身心将是一种很好的刺激，所以请多找一些可以作为奖励品的食物。

关于练习的时机和量

寻找奖励品时最重要的一点是选用"我们家猫咪"喜欢的食物，因此，如果它喜欢吃日常的饭菜，那么将这个作为奖励品也是可以的。另外，对于已经能够享受响片游戏乐趣的猫咪来说，将日常饭菜作为奖励品也没问题。这种情况下，需要在早上取出一天需要吃的量，再将作为奖励品的食物从这些量中分出来，游戏剩下的部分就放在晚饭里给它吃。

如果猫咪尚未习惯游戏或者你感觉"我们家的猫咪对饭菜没什么兴趣，好像得给它好吃的零食才行"，请在饭前空腹的时候做练习或者用特别好吃的零食。这时，需要将零食控制在猫咪一天食量的10%~20%以内。

在"秘方"里我们也会提到，猫咪的体重管理非常重要。所以要定量喂食，勤称体重，注意不要让它长得太胖。

关于奖励品的种类和准备

在响片游戏中，需要通过给猫咪大量的反馈（"做对了！"），并以合适的节奏进行，猫咪才能不知厌倦地享受游戏。要不停地给，就要将零食切成小块。作为奖励品的零食比一般的猫粮大一点点就行。用来切药片的"切药器"很适合切干粮。另外还有可以用手掰开和用剪刀剪碎的食物。一般切成一半、1/3或者1/4大小，就可以在游戏中不停地喂它们而不造成过量。等它们喜欢上做游戏之后，请尽量将奖励品切成最小块。

除了响片游戏的奖励品之外，还有一种用来舔的零食，它可以很方便地让猫咪习惯一样东西。

首先需要猫咪习惯的是人的手。因为人的手在生活中要对它们进行各种各样的护理。为了让猫咪对人的手留下好印象，我们先将可以舔的零食涂在手上让它们来舔吧。

奖励品的种类和准备

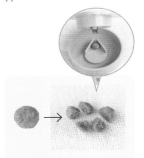

干燥型零食

这是能应用在大部分游戏"秘方"里的必需品。为了便于操作，可用切药器将它们切碎。

半生熟型零食

作为干燥型零食的替代品，可以根据猫咪的喜好来选择。用剪刀剪成一半、1/3或者1/4大小。

膏状零食

在猫咪舔舐时可以持续操作的游戏里使用（如系带游戏等）。可以将它们涂在纸上来操作。

※ 建议涂抹在打开的牛奶盒内壁。

盛放奖励品的装备

※ 由levii株式会社提供

零食袋腰包

可以用钩子挂在腰带上，也可以放进口袋里。因为是尼龙制造的，所以很光滑，即使脏了也很容易清洗。

密封盒

密封盒可以让零食不受潮。另外，如果使用小型密封盒的话，做游戏时可以拿在手里，方便携带。

奖励品的信号：响片

所谓"响片"，指的是能发出"咔嗒"声的道具。使用这个声音，"和猫咪一起寻找正确答案的游戏"即为响片游戏。就像人们听到"pinpon！"就知道答对了一样，我们和猫咪之间也来创造一个这样的信号吧。

响片只是比较容易让猫咪听到声音的一种工具而已，所以也可以用其他能发出声音的东西。比如使用按压式圆珠笔，用舌头弹上颌发出"嗒"的声音（弹舌）或者吹哨子发出"哔"的声音。用什么工具都可以，但有一点必须做到，就是一旦发出声音就要给出奖励。这是响片游戏的重要规则，必须遵守。

如果用按压式圆珠笔作为响片的替代品，那么在日常生活中最好就不要再用这种圆珠笔了。因为这容易违背发出声音就给奖励这条规则。反之，对于不怎么用按压式圆珠笔的人来说，可以趁这次机会把打入抽屉冷宫的笔拿出来用。响片可以从宠物商店或者网店购买。一个就够用了，大约花费500日元左右。建议你买一个，就当给猫咪买新玩具了。

各种响片

响片指挥棒

响片可以从宠物商店或者网店购买，一个大约500日元(≈￥30元)左右。也可以使用将响片和指挥棒合为一体的响片指挥棒及按压式圆珠笔。

按压式圆珠笔

使用方法

按压发出"咔嗒"的声音作为信号。发出信号之后，一定要给出奖励品。

不能用语言来表达吗？

"如果响片的声音仅仅是作为给出奖励品的信号，那用语言代替不也一样吗？"一定有人会这么想吧？不能说"语言不行"，但响片比说话好的理由有以下几点。

第一条理由是，如果使用以前对猫咪说过的话，它们会感到混乱，这样就不容易开始新的游戏。对我们来说已经转换到新的游戏，但对猫咪来说可就不一定了。为了能使它们在玩新的游戏时不感到混乱，我们还是暂时禁止使用语言吧。

第二条理由是，在不同的场合下说话，我们的声音总会有微妙的变化。因为是人发出的声音，所以即使是相同的句子，在不同的时段声音也会有变化。在这点上，响片却能一直机械地发出相同的"咔嗒"声。作为"信号"，相同的声音会更容易传达给猫咪，这就是响片比说话好的理由之一。

此外，说话的声音不仅限于跟猫咪打交道的时候，也可能无意识中被它们听到。还有，相同的话也可能用不同的方式表达出来，比如"乖孩子"说成"真乖啊"、"是的"说成"嗯"等，虽然是无伤大雅的小事，但对于"信号"来说就不怎么好了。另外，教猫咪做动作的时候，时间点的掌握非常重要，因此能发出短暂声音的东西才能简单明了地告诉它们做对了。还有很多使用响片的理由，如果看完这些大家能觉得"不管三七二十一，先把响片用起来再说"的话，我就很欣慰了。

等猫咪开始喜欢上响片游戏后，再用说话来表扬它们也不迟（用说话来表扬它们的时候也要奖励它们哦）。响片游戏是创建和猫咪一起行动的游戏，在创建的过程中使用响片最容易让猫咪理解。动作完成之后，可以通过说话并给予奖励，向它们传达"完成任务了"这一信息。另外，当猫咪完成它们已经会的动作之后，也可以用语言夸它们，给予相应的奖励。

首先得让猫咪喜欢上响片的声音。为此，要让它们学会知道响片的声音和作为奖励的零食是相关联的。

什么是"充电"？

进行响片游戏首先要做的就是"充电"。"充电"指的是将响片的"咔嗒"声和猫咪最喜爱的奖励品联系起来，并让它们明白这之间的关系。提到"巴甫洛夫的狗"大家应该有印象了吧？"充电"是让猫咪能够对响片的声音产生"会得到奖励"的反射（称作"经典条件反射"）。

猫咪是不会一上来就喜欢响片的声音的，所以一开始就要好好地给它们"充电"，这样才能让响片的"咔嗒"声成为猫咪喜欢的信号。这就好比人为地达到了一种状态，猫咪只要一听到"啪嗒"开罐头的声音，就会兴奋激动地期待有好吃的。使猫咪明白得到喜爱食物的规则，从而感到开心，即是"充电"。

先从猫主人开始练习

对猫咪进行"充电"之前，先在没有猫咪的地方做些练习吧。因为刚开始接触响片，有时会弄不出声音来，所以请先在没有猫咪的地方（尽量在它们听不到声音的地方）试着按出"咔嗒"声。按得慢的话，会发出"咔呲"的声音，所以请一定要迅速地按下去。

其次是熟练地给予奖励的练习（这也要在没有猫咪的地方进行）。一只手拿响片，另一只手拿奖励品。请用手掌抓住5~6颗猫咪喜爱的干燥食物颗粒，然后练习将手中的那5~6颗食物一颗一颗地给出去。请先试着迅速地将食物一颗颗地放到自己面前。完成这项练习后，接下来练习按一下响片后马上将一颗食物放在自己面前。在按响片的时候，拿着食物的那只手不可以动。我们希望猫咪记住的是"响片响了之后才有奖励"。因为猫咪会看到主人的手动了，就把这个当作是有"奖励"的信号，所以请一定要记住，按下响片之前拿零食的那只手不要动。

在给出奖励品时，本书以放在猫咪面前（或者直接用手给）为基本方法。你单独做练习时，也要想象猫咪就在身边，从而把奖励品放在自己眼前。

用响片来充电吧

通过实际操作充电，让猫咪明白响片的声音代表着"即将给出奖励品的信号"。

步骤 **1**

将奖励用的5~6颗零食握在手里，不要让猫咪发现。另一只手拿好响片。

步骤 **2**

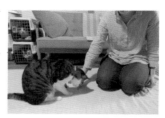

来到猫咪身边，按一下响片，发出"咔嗒"的声音，然后马上将一颗奖励品放在猫咪面前。

充电时的注意事项

注意1

用来充电的响片声音是训练时的有力工具，不训练的时候一定不要让它发出声音。

注意2

不能在猫咪面前按响片，因为它们会被声音吓到。放在你背后按是正合适的距离。

注意3

奖励品一定要在响片响了之后再给。"咔嗒"声响了再给奖励品的顺序非常重要。

注意4

有些猫咪不愿接受一次只给一颗零食。这种时候可以准备它们喜欢的数量或者用更高质量的奖励品。

　　注意以上4点的同时，重复5~6次"咔嗒"声响再给奖励品的操作（5~6次为一个训练过程）。等猫咪吃完面前的零食后，马上发出"咔嗒"一声，再放一颗奖励品给它。充电时要做的就仅仅是这件事而已。重复5~6次这样的操作（一天两个训练过程）。两个训练过程之间请空出猫咪打个盹儿的时间。

　　充电一旦完成，猫咪只要一听到"咔嗒"的声音就会期待"有奖励品啦！"。响片的声音就是和主人约定好的给奖励品的声音，所以绝对不能辜负它们的期待。如果不遵守游戏规则就无法进行下去，所以请一定不要让按了响片却不给奖励这样的事情发生。

开始玩响片游戏吧

充电完成后终于可以开始进行响片游戏了（至少完成3个训练过程再开始）。响片的声音是"做对了！"的信号，也是约定"会给你奖励哦"的声音。所以，严格遵守发出声音之后就给出奖励的规则，开始和猫咪一起玩游戏吧。

响片游戏 准备"秘方"

利用指挥棒来玩游戏吧

一开始让我们先利用指挥棒来做游戏。因为这对初学响片的人来说很容易操作，对猫咪来说也更容易理解。指挥棒指的是在猫咪行动的时候给予提示的棒状物。

首先我们以引导猫咪跟着指挥棒走路为目标。朝着这个目标，能否将行动细分为几个小步骤，关系到能不能和猫咪一起开心地做游戏。请先在脑海里想象一下再开始吧。

用手指来代替指挥棒也不是不行，但响片游戏要用到零食，有的猫咪为了早点吃到零食会不由自主地伸出手（前脚）来。猫咪拳击固然可爱，但如果被它们的爪子抓到，和它们一起玩游戏就没那么有意思了。在猫咪可以安心地练习游戏之前，指挥棒比手指安全。

猫咪通常会用鼻子去触碰出现在眼前的棒状物。利用它们的这一习性，我们来试着教它们"用鼻子触碰指挥棒"这个动作。它们要学习的是按下响片那一瞬间的行动。因此完成动作的那一瞬间按下响片非常重要，而响了之后给奖励品可以不用太着急。

准备的东西

响片和指挥棒

指挥棒可以用一次性筷子、搅拌棒、摘掉玩具部分的逗猫棒等。

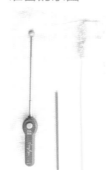

各种指挥棒

用鼻子触碰指挥棒练习

将指挥棒伸到猫咪面前，等它一看到棒子就立马按下响片并给出奖励。这个时候一定注意不要按晚了。如果它伸出前脚去碰棒子，第一次也还是照样按下响片给予奖励（为了告诉它"棒子"是正确答案）。

大部分的猫咪对于出现在它们面前的指挥棒或者手指，都会用鼻子去靠近。一旦它准备用鼻子去碰的时候，立马按下响片并给出奖励。如果它不准备用鼻子碰，就将指挥棒再靠近它鼻子一点，只要它的鼻子靠近一点，就按下响片并给出奖励。

在距离猫咪脸部一拳头的位置伸出指挥棒。它一旦用鼻子碰了就按下响片给予奖励。即使鼻子没有碰到，只要它伸出脖子做出想去碰的样子，也要按下响片给予奖励。重复几次，直到它能用鼻子碰到为止。

伸出指挥棒，保持原来的距离，同时试着将指挥棒稍稍向右移动。猫咪如果跟着指挥棒往右看，并凑上鼻子的话，就按下响片给予奖励。然后朝左边移动，鼻子碰到就按下响片给予奖励。

猫咪对着眼前的指挥棒伸出脖子之后，试着稍微移动一下指挥棒，叫它再过来一点。在它即将用鼻子碰到之前，再将指挥棒往自己这边移动。为了鼻子能碰到指挥棒，猫咪不光是伸出脖子，前脚也会往前走，这时要立即按下响片给予奖励。

在猫咪碰到之前移动指挥棒，让它跟着指挥棒走。保持步骤 3 的距离，或者稍微远一点会更好。一开始先走一步，然后两步三步这样慢慢练习。在它走起来之后停住指挥棒，当它鼻子碰到指挥棒时按下响片给予奖励。

文：青木爱弓

行为心理学

猫咪是依靠本能生存的吗？

猫咪的行为可以大致分为两大类。一类是天生就会的行为，比如说刚出生的小猫会吸奶、从高处落下时脚先着地等条件反射，以及对繁殖和饮食有帮助的行为等，这些是按照既定顺序出现的本能行为。此类行为属于遗传，所以几乎没有什么个体差异。

个性是由经验塑造的

另一类行为受出生后的经历影响。每只猫咪的经历都不一样，所以会有个体差异。此类行为也有几种类型，这里就它们的自发性行为来说明一下。比如，对于从袋子里取出零食这一行为，猫咪会用各自的方式去完成。不同的行为方式产生的原因是，它们在做了偶然的一个动作后，零食从袋子里掉出来从而让它们吃上了。

在思考为什么会采取那样的行动时，我们倾向于将注意力放在行动前发生的事情上。然而，自发性行为受到的是行动后马上发生的事情的影响。学习自发性行为分为四个类型，在右页作为"行为的四大规律"进行了介绍。

所谓的科学训练是什么？

将行为的四大规律跟猫咪的行为对照一下，即使没有特别教它们什么的打算，应该也能发现它们在不同的状况下可以不断地进行学习。猫咪的行为并不只是本能进行着的。包括我们人类在内的动物自发性行为的增减，都可以用这四大规律来说明。利用行为的四大规律，通过提高人类和动物的生活质量（QOL）解决问题行为的学科称为"应用行为分析学（ABA）"。在这里，让我们思考怎样用ABA的科学方法让猫咪变得更幸福吧。

行动四大规律

●行动后马上出现了喜欢的事情，就会重复

有这样一只猫咪，它走到主人跟前后马
上得到了零食。重复几次后，它一看见主人
就轻快地朝他走过去。这只猫咪因为刚才的
行为得到了好处，于是就开始重复那个行为。

●行动后不喜欢的事情马上消失了，就会重复

有这样一只猫咪，它被抱起来之后，因
为用爪子抓了主人就被放下了。这只猫咪因
为这个行为马上摆脱了束缚，所以它只要一
被抱起来就开始抓人。家里来客人时，猫咪
躲到壁橱里也是缘于同样的道理。

●行动后马上出现了不喜欢的事情，就不会再做

有这样一只猫咪，在靠近小朋友之后，
被拉住了尾巴。于是它就不再靠近小朋友了。
这只猫咪因为这个行为被拉了尾巴，它非常
不喜欢，于是就不再做此动作。

●行动后喜欢的事情马上消失，就不会再做

有这样一只猫咪，玩得正开心时抓了主
人的手，于是主人就不再跟它玩了。因为这
个行为，喜欢的事情就做不成了。重复几次
后，这只猫咪开始不再抓主人的手，于是又
能愉快地跟主人玩耍了。

文：青木爱弓

让猫咪幸福的七大规则

猫咪需要在表扬中成长

现在提倡在室内饲养猫咪。在室内和猫咪一起生活，意味着猫咪和人类接触的时间大量增加，它们也将长时间待在人类创造的空间里面。人类的行为会影响猫咪的行为，反之亦然。为了创造猫咪和人类和谐共处、幸福生活的环境，以及作为行动指南，我总结了七大规则。

1 表扬正确的行为

想让猫咪做的事情，一定要通过表扬让它们知道。事先准备好一些切小的零食，一旦它们做出了好的行为，不要等待，要立即给它们少量的美食奖励。为了将行为和结果联系起来，尽快给出奖励和重复这一行为是关键。

2 对于不希望发生的事情，不要关注、不要表扬、不要批评

猫咪做了我们不希望它们做的事情之后，我们是不是会瞪它们？或者叫它们名字来制止？或者对它们说"不可以"？这种批评对它们不仅不起作用，如果次数多了，甚至等同于拼命地在表扬它们。

3 不惩罚

大家会认为通过批评给予制止是训练的常识。但通过大声吓唬它们、打它们、故意让它们失败来改正行为，这些都是有百害而无一利的。类似这样的教育会让猫咪讨厌人类，甚至变得神经质和胆怯。此外，即使通过训斥制止了它们的行为，但如果不告诉它们该怎么做，它们仍有可能会出现其他的问题行为。

4 不让它们体验、重复

把那些如果被猫咪玩了、抓了、破坏了或者吞下去会产生麻烦的东西收拾起来，给它们创造一个适合居住的房间。对于不希望它们做的行为，预防才是最关键的。如果它们已经做了，就要尽快想办法使它们无法再做下去。

5 给它们工作、让它们运动

轻易就能吃到食物跟无聊和运动不足是相关联的。为了猫咪的身心健康，可以通过将主食作为奖励对它们进行训练，或者使用益智觅食器提高吃饭的难度来增加进食的时间。另外可以通过搭制猫爬架、用逗猫棒之类的玩具跟它玩、教它们做可爱的动作来主动创造运动的机会。

6 做好练习、做好准备

为了健康成长不得不做的事都是些猫咪不擅长的事，比如测体重、固定（固定身体使之无法移动）、用浴巾包裹及喂药等。利用奖励品来开心地练习，早做准备吧。另外，为了避免猫咪对日常生活中出现的各种各样的刺激产生不必要的恐惧，也有必要使它们趁早适应。

7 规则一旦制订，大家必须遵守

家人需要在遵守规则 1、2、3 的前提下再跟猫咪打交道。人类如果一直被批评和纠正，也会感到厌烦，想要逃避。因此，通过巧妙的表扬将猫咪带进我们的生活是关键。话虽如此，我认为这七条规则里，最难的就是以我们人类为对象这一条。

第 2 章

和猫咪增进感情的小动作篇

　　和猫咪一起生活没多久、不知道如何好好地跟猫咪进行沟通、第一次使用响片和指挥棒……对于刚开始养猫的人士来说，本章将介绍几个适合他们的简单轻松的游戏"秘方"。虽说简单，但想要成功，不断地重复练习是关键。和主人一起做练习对于猫咪来说是很有意思的事情。等它们习惯了之后，就可以将学会的游戏和将要挑战的游戏结合在一起，同时进行练习。

跟我保持一致！
击掌！

击掌

从每天和猫咪击掌开始！
为了一天的快乐和元气，让我们来打个招呼吧。

　　我家的猫咪一开始最肯做的就是这个击掌了。我至今还记得手掌触碰到柔软肉球时的那种幸福感觉。大家都觉得训练猫咪是一件困难的事情。但是，在Part1的基础上练习这个"秘方"，就像推翻了以上定论，每只猫咪都不可思议地会做了。我一直源源不断地收到"我们家的猫咪成功了！"这样的反馈。你的猫咪也一定能做到！如果是前脚无法抬得太高的猫（曼基康猫等品种），请先从P36-37的"伸手"开始挑战吧。

【需要准备的东西】指挥棒、响片、零食
【玩耍频率】每天练习直到会做，会做了之后偶尔也要进行复习哦！

将指挥棒放在距离猫咪鼻子约
10cm处。为了让它感兴趣，将指挥棒
左右晃动，仿佛在逗它玩。

猫咪一旦用前脚去碰指挥棒，就
赶紧按下响片并给出奖励。在它想要
去碰的那一瞬间按下响片非常重要。

重复步骤2进行练习，如果每次猫
咪都能碰到指挥棒，将手掌和指挥棒
一起伸到它眼前。

猫咪越过指挥棒拍到手掌的话，
立刻按下响片并给出奖励。抓住猫咪
触碰的瞬间非常重要。

接下来，在猫咪即将碰到指挥棒
的瞬间将棒收回，让它直接跟手掌接
触。碰到的瞬间，立马按下响片并给
出奖励。

重复步骤5直到它会做。最后只将
手掌放到猫咪面前，如果它来触碰，
说明学会了击掌。请对它说"真乖"
并给予奖励。

给你肉嘟嘟的
肉球 ♡

伸手

可以享受跟猫咪亲密接触的伸手游戏。
实际上这也是关系到剪趾甲的第一步哦！

　　好多人都觉得伸手游戏只有狗狗才能完成，于是觉得玩伸手游戏的狗狗很可爱的同时，就放弃了教猫咪玩这个游戏。其实只要掌握正确的学习方法，猫咪也是能够根据主人的提示完成可爱的伸手动作的哦！这个游戏"秘方"，除了可以让你和猫咪亲密接触，它还关系到为猫咪剪趾甲。掌握了一般的伸手后，试着抱住猫咪向它借手。习惯了之后再试着揉揉它的肉球吧。当然这个过程中要给猫咪奖励。这样接触下来，你会发现给猫咪剪趾甲再也不需要勉强进行了。

【 需要准备的东西 】指挥棒、响片、零食
【 玩耍频率 】每天练习直到会做，会做了之后偶尔也要进行复习哦！

步骤 1

在比击掌低一点的位置，让猫咪用前脚来碰指挥棒。击掌的步骤请参考P34的游戏"秘方"。

步骤 2

接下来将摊开的手掌放到猫咪面前，同时说"伸手"。如果猫咪给出前脚就算完成。请对它说"真乖"并给予奖励。

步骤 3

接下来练习改变座姿也能完成伸手游戏。一下子坐到它旁边可能有困难，请慢慢地移动你的位置。

步骤 4

反复练习，直到猫咪可以跟从任何位置或方向伸出来的手都能玩伸手游戏。记得每做一次都要按下响片并给出奖励。

抱着练习

步骤 1

抱着猫咪让它的下半身在膝盖上站稳。和一般的伸手游戏一样，从它的正面给出手掌进行练习。

（猫咪的抱法请参考P74）

步骤 2

继续从不同方向给出手掌进行伸手练习。无论是改变人的姿势还是猫的姿势，对猫咪来说都会增加游戏的难度，所以请不要着急，可以重复练习。

主人主人,今天玩什么游戏呢?

搭手腕

**猫咪主动站起来碰我们的手腕,
我保证你抵抗不了那可爱的样子。**

本书的封面记录了我的爱猫Nyanmaru将前脚搭在我手腕上的瞬间,这就是所谓的搭手腕。猫咪的两只前脚轻轻地摆放在手腕上的模样真是太可爱了。被爱猫一边搭手腕一边用可爱的表情盯着看,我保证你整个人会变得轻飘飘起来。

此外,练习搭手腕也不仅仅是因为可爱。和IP36-37的"伸手"一样,从各方面来说,练习搭手腕都有很多有利之处。比如,减轻猫咪被抱时的负担、得以仔细观察猫咪的腹部、确认系带大小是否合适,以及是否影响行动等。可爱又有诸多好处的搭手腕练习,是我和Nyanmaru都中意的游戏"秘方"。

【 需要准备的东西 】响片、零食(指挥棒)
【 玩耍频率 】每天练习直到会做,会做了之后偶尔也要进行复习哦!

步骤
1

　　在能够完成P34的击掌后，下次在击掌的瞬间将另一只手臂放到猫咪的面前。完成击掌就按下响片并给予奖励。

步骤
2

　　接下来试着让猫咪将用来击掌的前脚放在手腕上。一开始做得不好也没关系，只要它的前脚碰到手腕一下，就可以按下响片并给予奖励。

步骤
3

　　等猫咪习惯了一只前脚搭在手腕上之后，试着稍微抬高一点手臂。当它保持一只脚搭在手腕上，另一只脚稍微抬起时，不要犹豫，请立刻按下响片并给予奖励。

步骤
4

　　渐渐抬高搭着猫咪前脚的手腕。等猫咪后脚站起来，并将另一只前脚放到手腕上之后，按下响片并给予奖励。最后，在猫咪面前伸出手臂说"搭手腕"，只要它能把两只前脚放上来就算学会了。

小贴士

对于还不能完成击掌游戏、很难马上练习上述游戏的猫咪来说，请先从P26-27上介绍的热身运动"用鼻子触碰指挥棒"开始挑战吧。将指挥棒伸到猫咪上方，让它站起来用前脚去碰。当猫咪站起来时将手腕伸到它前面，让它在落下前脚时碰到手腕，在那一瞬间按下响片，向它传达"用前脚碰手腕就对了"这个意思。另外在练习伸手时，将手腕放在稍低的位置，再将手掌放在手腕上做伸手练习。慢慢地将手掌撤出，就可以反复做搭手腕练习了。

亲鼻子

没有比平时冷淡的猫咪主动来亲我们鼻子更开心的事啦！
亲鼻子是对猫咪进行抚触的第一步。

众所周知，猫咪之间通过碰鼻子来打招呼，所以我们很容易认为它们和我们之间也能轻易地完成亲鼻子这个动作。但其实猫咪有时候并不喜欢人的脸靠近它们。然而在照顾猫咪的过程中，又经常需要我们的脸去凑近它们。为了在那个时候不被猫咪嫌弃，让我们从亲鼻子开始让它们习惯我们的脸吧。作为游戏主体的猫咪能主动凑过来固然重要，猫主人也要主动靠近它们，请互相合作来完成这个游戏吧。因为猫咪可能会舔我们的脸，所以做这个游戏时请卸妆，以免化妆品里的有害成分进入它们体内。

【 需要准备的东西 】响片、零食
【 玩耍频率 】每天练习直到会做，会做了之后偶尔也要进行复习哦！

※ 为了避免人畜交叉感染，如果嘴巴被猫咪舔到了请马上用流水清洗。

让猫咪站在台子或者桌子上面，面对自己坐下来，使它可以和你的视线相交。慢慢地伸出食指到它鼻子前面，注意不要吓到它。

在猫咪像是要闻食指味道一样将鼻子凑过来的那一瞬间，按下响片并给出奖励。注意不要错过按下响片的时机。

将伸出的食指一点点地离开猫咪，往自己的鼻子这边移动，诱导它主动将脑袋探过来。练习多次直到它会做为止。

猫咪隔着手指碰到你的鼻子时，尽快按下响片给出奖励。这时哪怕轻轻碰一下也算数。

当猫咪的鼻子碰到食指并靠近脸的瞬间将手指拿掉。在它的鼻子碰到你鼻子的瞬间按下响片并给予奖励。

最后用手指给出"亲鼻子哦"的信号，让它靠近你并来亲鼻子。如果它做到了，就夸它"真乖"并给出奖励。

我想你每天都摸摸我哦，喵 ♡

摸摸头

抚摸猫咪的脑袋是抚触的第一步。
让猫咪对我们的手不感到恐惧很关键。

　　猫咪萌萌地看着我们的时候，努力练习游戏"秘方"的时候，我们总会忍不住想要去摸摸它们的脑袋。但是，觉得"猫咪也一定想得到摸头的表扬"也许是错误的。因为对有的猫咪来说，脑袋上方忽然有只手出现是件不愉快的事情。"就算是这样，我还是想摸它！"这是猫主人的真实想法吧？那就让我们通过这个游戏来缩小和它们之间想法上的差距吧。对于已经爱上抚摸的猫咪来说，我们也重新观察一下它们喜欢被抚摸的位置吧。如果能因此发现猫咪喜欢的位置或者喜欢的抚摸方式，那简直太棒了！

【 需要准备的东西 】零食
【 玩变频率 】每天练习直到会做，会做了之后也要每天进行复习哦！

步骤 **1**

一只手轻握拳头放在猫咪脑袋上方，另一只手给它5颗左右的零食，等奖励品快吃完的时候将拳头收回。重复此动作直到它习惯了头顶上有拳头。

步骤 **2**

等猫咪适应了头顶上逐渐靠近的拳头之后，用拳头轻轻地触碰它的脑袋，同时给出奖励品。如果猫咪对此感到厌烦，请回到步骤1继续反复练习。

步骤 **3**

完成步骤2后，直接用拳头抚摸猫咪的脑袋，同时说"真乖"并给出奖励。请重复多次进行练习。

步骤 **4**

将拳头改为手指来抚摸猫咪，位置移动到它感到舒服的地方（比如下巴下方等）。用手指抚摸时，尽快说"真乖"并给出奖励。请重复多次进行练习。

小贴士

对于不习惯被抚摸的猫咪来说，它们会把手掌当作"要被抓了！"的信号来对待，所以先从轻握的拳头开始吧。此外，有的猫咪更喜欢被指尖轻挠的感觉，所以也可以用手指从它们下巴下方轻挠到耳根部位。

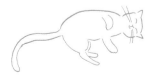

游戏之所以重要的原因

训练就是训斥？

　　为了让猫咪适应跟人类一起居住，人们花了很长的时间对它们进行改良。但是，近年来在室内养育猫咪时，由于它们跟我们关系密切，如果依然认为猫咪是不用费心养育的动物而放任自流的话，可以预料它们会出现很多有问题的行为。实际上，对调皮和搞破坏的猫咪束手无策，没有办法跟它们好好相处，因为它们不让碰和抱而导致生病的时候无法给予照顾并为此苦恼不已等情况，其实都是源于和猫咪打交道的方法不对，即没有做好相应的训练。对"训猫"感到疑惑的一定大有人在。这是因为怀疑猫咪是否能教会，还是因为觉得被训斥的猫咪实在是太可怜了呢？以上两种想法其实都是不对的，然而有很多人视之为常识。

我已经没办法跟它相处下去了……

出现了有压力的信号

有关系的事、没关系的事

　　大多数人都不知道，正是由于上述的误解，才导致了问题行为的出现。大家通常会将"训练"等同于"训斥"，比如拿狗狗举例的话，很多人会通过训斥来制止狗狗的一些行为吧。其实关注问题行为、用声音来训斥反而增加了问题行为的次数，想要通过惩罚来制止反而恶化了吠叫和乱咬的行为。

　　另一方面，人们却有一个常识，认为猫咪和需要训练的狗狗不同，不用对它们进行训练。完成如厕训练之后，就随它们去了。房间里被弄得

已经很不满意了

因为猫咪就是这样的……

一团糟是正常的。因为它们想避免一切引起自身不快、不安和恐惧的事情，所以通过逃走、躲藏来对待触碰、客人及新事物。对于在室内生活的猫咪来说，由于缺乏刺激，它们对环境的细微变化很敏感，经常会东躲西藏。这时，如果猫主人再将它们不喜欢的微小刺激都扫除的话，就会使它们陷入越来越胆小的恶性循环。

攻击性的狗狗也好神经质的猫咪也好，也许都是由错误的训练导致了"性格缺陷"。

放任主义是除了通过训斥来训练以外的第三种方法

对于家养的猫咪来说，布置容易学习的环境和积极地给予行动上的支持是很有必要的。基本准则是它们一旦有了好的行为就马上给予表扬。让我们一起来增加它们良好的行为次数和类型吧。

很多人觉得对已经成年的猫咪进行训练会很难（这也是错误常识之一），其实动物一辈子都在学习，成年和老年的猫咪当然也能够进行学习。

首先从跟猫咪玩游戏开始

大家一旦对问题行为感到困扰，就想知道立马能制止的方法。但我们暂时先将这一想法放到一边，去享受教猫咪做简单可爱的动作这件事吧。教猫咪做可爱的动作并和它们一起共享这个过程在本书中称作"游戏"。在教它们几个可爱的动作、掌握了奖励的秘诀后，请再回过头去看"七大规则"，努力实施前五条吧。这样，在不知不觉中，问题行为一定会得到解决的。

一起玩吧

今天玩些什么呢？

满意

第3章

保持猫咪身心健康的小练习篇

　　对于在室内生活的猫咪来说，运动不足可以说是烦恼的根源。整日无所事事的话，猫咪也会感到无聊。考虑到这些，本章给出了能够消除日常运动不足的游戏"秘方"。玩玩具固然重要，但如果只是骨碌躺着摆弄玩具，是谈不上运动的。因此，我总结了猫咪在和主人的日常接触中可以运动的游戏"秘方"。通过日积月累的练习，还能起到预防肥胖的作用。

拍拍

用手掌拍一个地方给出信号，猫咪看到后一跃而来。
要解决运动不足，先从这个游戏开始吧。

在高低错落的地方拍拍给出信号，猫咪如果能参与的话，在家中就能做高低运动。猫爬架、橱柜上方、飘窗……为了猫咪可以在各种各样的地方做高低运动，我们先来做给出拍拍信号让它跳过去的练习吧。如果它做到了就给予奖励。也许有人会觉得我们想叫它跳到哪儿就跳到哪儿，不过一开始还是先通过观察来判断猫咪想跳到哪里比较重要。看清楚它想跳到哪里之后再跟它一起做这个游戏吧。

【需要准备的东西】响片、零食
【玩耍频率】每天练习直到会做，会做了之后偶尔也要进行复习哦！

仔细观察猫咪。看到它想要跳上一个地方时，用手掌咚咚地去拍那里。如果它直接跳上来了，尽快按下响片给予奖励。

重复步骤1几次后，接下来到猫咪喜欢的地方去拍拍。它跳上去的话，尽快按下响片给予奖励。重复练习多次。

在各个地方进行这项练习。拍拍想让猫咪跳上来的地方，让它们过来。每次猫咪应声而来的时候，一边说"真乖"，一边要给出奖励哦。

通过手掌发出咚咚的信号，可以告诉猫咪想要它来这里。猫咪跟随信号过来时，请不要忘记夸它"真乖"并给予奖励。

小贴士

在猫咪的运动中，"后腿跳"是很重要的。通过玩具做游戏很重要，但光靠这个有时是无法解决运动不足的。在这个游戏"秘方"中，虽然没有让它们跳到很高的地方，但我们还是需要通过练习的积累，一点一点地往上挑战，因为必须让猫咪跳到腰部左右的高度才能解决运动不足。此外，猫咪能够响应"拍拍"以后，既可以从远一点的地方把它们叫过来，又可以作为信号让它们跳到膝盖上或者让我们抱抱。"拍拍"可以用到各种游戏当中，所以请一定要认真加以练习并掌握好。

站姿是不是意外地一致?

站立

这是可以欣赏到各种猫咪站姿的游戏"秘方"。
它们笔直地竖着上半身,非常可爱。

猫咪站起来讨吃的样子非常可爱,让我总是情不自禁地想要给它们零食。此外,每只猫咪站立时摆放前脚的位置都极具个性、富有魅力。既有两只前脚举得高高的,也有只伸出一只前脚的,还有两只前脚都垂着、直挺挺地站着的,每只猫咪站起来的方式,站起来之后的姿势都各有特色。为了看到猫咪站起来之后的样子,请一定挑战一下这个游戏。它们熟练地站起来向我们要吃的时候,记得要好好地奖励它们最爱吃的零食哦。

【 需要准备的东西 】响片、零食
【 玩耍频率 】每天练习直到会做,会做了之后偶尔也要进行复习哦!

步骤 **1**

慢慢地将手伸到猫咪的头顶上方，用食指靠近它的鼻子。如果动作过快有时会吓跑猫咪。如果它感到害怕，请回到P42进行摸头练习。

步骤 **2**

猫咪如果伸出脖子，准备用鼻子触碰食指时，按下响片并给予奖励。重复这个练习直到会做。为了不让它感到厌倦，反复练习时请尽量缩短时间。

步骤 **3**

完成步骤2之后，将指向猫咪的食指慢慢升高。只要看到它将前脚稍稍抬高，就马上按下响片给予奖励。

步骤 **4**

完成步骤3之后，将食指抬得更高，让猫咪站起来。等它两只前脚都离地时，马上按下响片给予奖励。

步骤 **5**

完成步骤4之后，最后一步大声喊"站立"，并将手指伸到猫咪上方。猫咪如果能做站起来就算学会了。请表扬它"真乖"，并给予奖励。

统一步伐，
一二一♪

走"8字"

**让猫咪在主人的双腿之间走出一个"8字"。
这是可以看到猫咪可爱姿态的游戏。**

每次回到家中，刚一说完"我回来了"，猫咪就跑到玄关来迎接我们。嘴上说着"好碍事啊！"，心里却喜滋滋的，觉得它们好可爱。这里介绍的游戏"秘方"接近猫咪黏着我们走的这个动作，所以相对比较简单易学。一开始可以用手指来引导，但重点是逐渐减少手指的提示。首先从绕主人的一条腿一周开始游戏吧。光是从上面看它们竖着尾巴绕着我们的腿转，就能不由得放松下僵硬的面部表情呢。

【 需要准备的东西 】响片、零食
【 玩耍频率 】每天练习直到会做，会做了之后偶尔也要进行复习哦！

步骤 1

　　面向猫咪，双腿分开站立。从后面伸出左手食指到两条腿之间，诱导猫咪穿过双腿。等它差不多走到两腿之间时，按下响片并给予奖励。

步骤 2

　　猫咪学会步骤1之后，接下来让它跟着左手食指的指示穿过两腿中间，等它来到左腿旁边时，按下响片并给予奖励。

步骤 3

　　跟着步骤2，这次用右手的食指来引导猫咪。在它穿过两腿中间的时候，按下响片并给予奖励。

步骤 4

　　猫咪会步骤3之后，接下来引导它跟着右手食指经过右腿旁边来到前面。一旦它来到前面，就按下响片并给予奖励。

步骤 5

　　将前4个步骤连起来，进行"穿过大腿回到前面"的一连串动作。只要猫咪回到前面，就按下响片给予奖励。一起来重复左右练习吧。

步骤 6

　　步骤5的一连串动作学会后，猫咪如果能将左右连着做，在大腿之间走"8字"，就算学会了。夸它"真乖"并给予奖励吧。

对主人的膝盖没有抵抗力,喵 ♡

跳上膝盖

把猫咪想坐在主人膝盖上的心情和
主人想要抱猫咪的心情结合在一起的第一步。

　　即使是很不喜欢被抱的猫咪,有时也喜欢主动跳到我们的膝盖上来。如果不断地向它们传递"跳上主人的膝盖是不会被束缚的"这样的讯息,即使是最怕被抱起来的猫咪也会不由得想:"试着跳一下吧!说不定跳上去了之后会很开心呢。"本"秘方"不断练习的就是让猫咪可以在我们需要的时候跳到我们的膝盖上来。此外,很多时候猫咪好不容易坐下来了,我们却又不得不站起来处理事情。这个时候如果它们被抱着放下去,愉快的心情就被糟蹋了。请一定要把"下去"的练习也做到位。不断地跳上跳下也是一种很好的运动哦。

【 需要准备的东西 】响片、零食、围毯
【 玩耍频率 】每天练习直到会做,会做了之后偶尔也要进行复习哦!

步骤 1

伸直双腿坐在地板上，拍拍膝盖周围。因为大腿像两根圆圆的棍子，导致猫咪在上面会站不稳，所以铺上围毯防滑会比较好。

步骤 2

等猫咪回应拍拍信号跳上膝盖后，马上按下响片并给予奖励。重复几次（如果猫咪会回应拍拍信号跳上膝盖，可以省略步骤3）。

步骤 3

用食指引导猫咪到膝盖上来。它一旦上来了，就马上按下响片并给予奖励。重复步骤1和步骤3两到三次，缩短让它看到食指的时间，直到它一看到拍拍的信号就会跳上来为止。

步骤 4

慢慢抬高膝盖。坐在叠起来的坐垫上，拍拍膝盖给出信号。等猫咪跳上膝盖就按下响片给予奖励。如果无法完成的话，请回到步骤3做练习。

小贴士

"下去"是用食指引导猫咪的一种方法，我们来试试吧。伸出食指指向坐在膝盖上的猫咪鼻子，吸引到它的注意后清楚地说"下去"，同时把手指指向地板。刚开始可以将腿稍稍倾斜来引导它下去。

看我精彩一跃！

跨越小腿

漂亮地跃过主人的小腿，
通过这样的跳跃游戏来防止运动不足吧！

　　对于猫咪来说，跳跃是不可或缺的一项运动。然而对于室内生活的猫咪来说，由于场地的限制，致使它们运动不足。为了解决这个问题，这里提供一个可以一边玩一边给它们制造跳跃机会的游戏"秘方"。

　　自己坐在沙发上就能让猫咪运动起来的跨越腿游戏，在自己累的时候或者没什么游戏时间的情况下，可以高效地解决猫咪运动不足的问题。跨越小腿可以作为P54~55"跳上膝盖"的延伸，请试着连起来挑战一下吧。

【 需要准备的东西 】响片、零食
【 玩耍频率 】每天练习直到会做，会做了之后为了运动每1~2天要复习一次！

步骤 **1**

坐在沙发上，拍拍膝盖给出信号。猫咪跳上膝盖后就按下响片，在膝盖上给出奖励。

步骤 **2**

用手指指向反方向，引导猫咪从膝盖上跳下去。在猫咪跳到地板的瞬间按下响片，并在地板上给出奖励。

步骤 **3**

我马上跳到另一边去，喵！

会步骤2后，靠前一点坐在沙发上，等猫咪一跳到膝盖上就引导它从另一边跳下去，反复练习。在它跳上膝盖又跳下去的瞬间按下响片，并在地板上给出奖励。

步骤 **4**

和双腿一样，让猫咪练习单腿上下。在它从腿上跳下的瞬间按下响片给出奖励。

步骤 **5**

会步骤4之后，开始让猫咪练习跳上腿的瞬间就跳下去。可以稍微放低另一侧腿以方便它跳下去。

步骤 **6**

整个人坐进沙发，慢慢地伸出一条腿。等猫咪跳过伸出的那条腿后，马上按下响片，在地板上给出奖励。

步骤 **7**

拍拍膝盖然后马上用手指给出方向，嘴上说"跳"。猫咪按照指示跳过去的话，马上夸它"真乖"，并给出奖励。

主人还挺能玩的嘛,喵

仿真狩猎游戏

可以激发出猫咪狩猎本能的游戏。
让我们一起来掌握配合演出的技巧吧。

这是可以让猫主人掌握激发猫咪狩猎本能技巧的游戏"秘方"。

在我们眼中,猫咪追逐和捕捉东西的样子像是在玩,但其实对它们来说,这是获取食物的"真枪实战"。平时悠游自在过日子的家猫都有着狩猎的本能。主人们也不要随便玩玩,让我们同样认真地用逗猫棒扮演猎物吧。猫咪的猎物通常为老鼠、鸟、蛇和虫子等。我们一边思考这些动物在什么地方、是怎么动的,一边来舞动玩具吧。猫咪通常在肚子饿的时候进行狩猎,所以这个游戏可以放在吃饭前进行。此外,猫咪是在黎明和傍晚行动的动物,所以做这个游戏的时候如果特意将房间弄暗,会提升演出效果哦。

【 需要准备的东西 】猫咪喜欢的玩具
【 玩耍频率 】为达到运动的目的,请每天进行练习和复习!

　※本书将捉老鼠、小鸟、蛇和虫子(昆虫)的游戏分别称为"装鼠、装鸟、装蛇和装虫"。

装鼠

步骤 1

练习移动逗猫棒，让它看起来像老鼠在动（装鼠）。老鼠通常会在房间的角落里飞快地奔跑一小段距离然后突然停下。让我们用逗猫棒再现这一动作来吸引猫咪吧。

步骤 2

老鼠被猫咪盯上感觉到危险的时候，会赶紧躲到隐蔽处或者洞里。我们来模仿这一动作，沿着家具或者地毯边缘移动逗猫棒，也可以将逗猫棒藏到地毯下面。

装鸟

步骤 1

练习将逗猫棒装成鸟的样子（装鸟）。对猫咪来说，捕捉空中飞的东西也是不容易的。它们盯上的通常是在地上吃食的鸟、受伤的鸟和离巢不久还不太会飞的小鸟。

步骤 2

我们来再现摇摇晃晃走路的小鸟被猫咪盯上后，迅速飞上天空的动作吧。因为慌张而发出扑棱扑棱的声音，因为不太会飞而左右摇晃，让我们把这些小鸟在危急时刻会做的动作都演出来吧。

装蛇

练习将逗猫棒装成蛇的样子（装蛇）。将逗猫棒摆在地面上，画出S形。动作可以忽快忽慢，让我们开动脑筋来玩吧。

装虫

有的猫咪也会捕捉虫子，因此让我们来练习昆虫的动作（装虫）。模仿躲在枯草里的虫子，在报纸或者纸袋的下方移动逗猫棒，发出窸窸窣窣的声音。

通过益智喂食器玩耍

让它们为了吃上东西花点时间和力气吧!

益智喂食器(以下简称"喂食器")指的是猫咪可以一边玩,一边要想办法才能吃到食物的喂食器,也叫作"食物益智器"。有人认为对猫咪应该进行"多样化喂食",即为它们所处的环境增添变化,使其开动脑筋获得良好刺激,有趣地吃到食物。使用喂食器就是其中的方法之一。

原本动物会花很多时间在捕食上。猫咪的捕食方法为"狩猎"。"狩猎"不仅仅是捕获猎物然后将其吃掉,还包括了为了获取猎物巡视自己的势力范围、发现猎物和伏击猎物等种种行为。然而,现在在室内养育的猫咪过的是怎样的日子呢?吃的东西每天准时出现在眼前的碗里,或者干脆一整天碗里都有食物……作为动物,猫咪的活动时间被这样分配是不合适的。正因为如此,更要让它们为了吃上东西花些时间和精力。作为方法之一,我推荐喂食器。

喂食器既可以自制也可以购买,关键是安全第一。因为一不小心就会造成事故,所以一开始主人在旁边看着确保安全比较好。

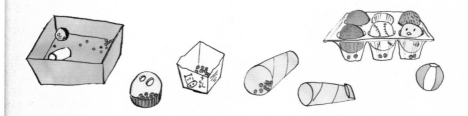

有很多东西可以简单地制作成喂食器。比如,从左往右:在空箱子里撒上零食;将空罐子打几个洞,使它一转就能漏出零食;将空牛奶盒裁到猫咪嘴巴差不多能够着的高度,放入零食;放几颗零食在卫生纸的卷筒里;将猫咪喜欢的玩具放到鸡蛋托上,再将零食藏到玩具下面等等。

为了让猫咪喜欢上喂食器,需要将它们的感官元素考虑进去

①**视觉** 猫咪主要依靠视觉来找零食,因此要下工夫找一些透明的容器。

②**听觉** 猫咪对声音很敏感,它们有时会通过声音寻找猎物。会发出声音的喂食器更容易引起它们的兴趣。

③**嗅觉** 据说如果给食欲不振的猫咪一些有味道的食物,它们也会吃一些,所以猫咪的食欲和嗅觉是相关的。对于初次使用益智喂食器的人来说,一开始最好装一些味道浓的零食进去。

一开始懵懵懂懂的猫咪

那么,猫主人准备好喂食器后,如果只是将它往猫咪跟前一放,它们是不知道怎么一回事的,这样会导致它们兴致寥寥。因此我们要演示给它们看,使它们产生兴趣。和下工夫刺激它们的视觉、嗅觉和听觉一样,思考怎么让猫咪喜欢上喂食器也很重要。一旦猫咪伸出前脚或者用鼻子去碰,对喂食器表示出兴趣时,就立刻按下响片并给出奖励。即使它们没把食物弄出来,一开始只要触碰就算做对了。这样在和主人一起玩的过程中,它们会逐渐吃到里面的食物。

还有比较重要的一点是,一开始要降低喂食器的难度,让猫咪能够轻易拿出食物。给喂食器装满食物,让它们马上就能做到。如果碰上两三次都还拿不出食物,那对它们来说就是难度太高了。让我们用一种让猫咪认为可以轻松得到食物、下次还想接着来的游戏方式进行吧,这样才能让猫咪爱上喂食器。

如果你很忙,只能让它独自在家,这时也可以用喂食器。我们可以将喂食器作为一种游戏带入生活里,多创作新的喂食器或者轮流使用各种不同的喂食器,让它们一直保持新鲜感。

为猫咪整理房间

我们来考虑一下猫咪舒适生活所必需的元素吧。重要的是要了解什么是接近猫咪原本会使用的东西（理想的东西），然后进一步探索猫咪的兴趣。对应数字的说明在P64-65。

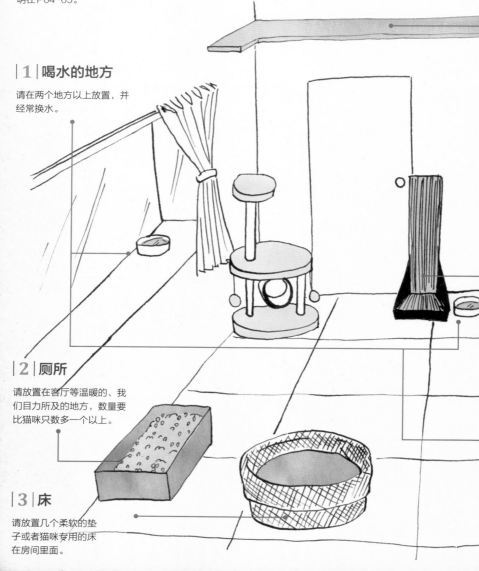

|1| 喝水的地方

请在两个地方以上放置，并经常换水。

|2| 厕所

请放置在客厅等温暖的、我们目力所及的地方，数量要比猫咪只数多一个以上。

|3| 床

请放置几个柔软的垫子或者猫咪专用的床在房间里面。

因为对猫咪来说户外有诸多危险的因素，所以推荐在室内养育它们。猫咪即使对窗外的世界感兴趣，也只是觉得"想要去更有意思的地方"而不是"想要去外面"。这里给出的就是怎样把家中打理成让猫咪觉得有意思的提示。

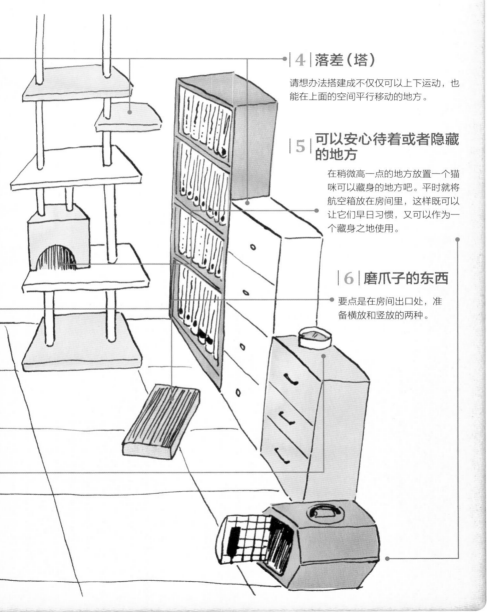

4 | 落差（塔）

请想办法搭建成不仅仅可以上下运动，也能在上面的空间平行移动的地方。

5 | 可以安心待着或者隐藏的地方

在稍微高一点的地方放置一个猫咪可以藏身的地方吧。平时就将航空箱放在房间里，这样既可以让它们早日习惯，又可以作为一个藏身之地使用。

6 | 磨爪子的东西

要点是在房间出口处，准备横放和竖放的两种。

对猫咪来说，什么是好的环境？

为了猫咪在室内也能舒适地生活，必须将房间整理成猫咪喜欢的样子，让它们可以在里面充分地玩耍。让我们把家打造成猫咪的乐园吧。

猫咪原本是在户外过着狩猎生活的动物，因此"狩猎"是它们的本性。对在室内养育猫咪的我们来说，要意识到必须提供些什么来代替它们被剥夺的"狩猎"的权利，这样才能给它们制造欢乐的源泉。比如说，猫咪即使肚子不饿也要狩猎，比起填饱肚子，抓猎物的过程才是它们的乐趣。因此对在室内生活的猫咪来说，利用家中的玩具进行"模拟狩猎"是非常重要的。请参考P58-59"仿真狩猎游戏"中介绍的"装鼠、装鸟、装蛇、装虫"以及P60-61介绍的益智喂食器等。

想一想户外生活的危险

在为猫咪整理房间之前，我们再来思考一下如果猫咪外出会遇到什么样的情况。以下事故只要猫咪不外出就能防止发生。

- · 以交通事故为首的意外
- · 怀孕（针对未做避孕的猫咪）
- · 被冷血的人抱走或者虐待
- · 疫苗都无法预防的感染
- · 猫咪之间打架造成的受伤

为猫咪布置房间

经常看到大家将所有的猫咪生活用品放在同一个地方，这是不对的。因为厕所和水及食物必须分开摆放，此外磨爪子的东西如果没有放在具有标志性的地方，就可能导致其他的东西被抓坏。让我们创造出可以让猫咪切身体验到狩猎环境的生活空间吧。

| 1 | 喝水的地方

将水装在不容易洒出来的稳定的容器中，放几个在房间里。另外，因为有的猫咪喝水时会将爪子放进水里，所以要注意周围的防水，还要经常换上干净的水。

| 2 | 厕所

从健康管理的角度出发，建议放在客厅等能够让我们看到排泄状态的地方。数量要比猫咪只数多一个以上。不能放在房间入口等经常有人出没的地方或者电视机旁边。请准备没有盖子的、尽量大的（宽的）容器（猫咪身长1.5倍以上）。推荐使用搅拌水泥时用的搅拌箱。

| 3 | 床

玩好休息一下或者睡个午觉也是猫咪的日常工作之一。它们喜欢柔软的地方，所以将猫咪专用的床或者吊床、柔软的毛毯等放几处在房间里，让它们可以在上面休息。

| 4 | 落差（塔）

在室内养育猫咪需要为它们搭建可以上下和左右移动的场所。认为只要放一个猫爬架就万事大吉了的想法是不对的，因为猫咪需要的不是上下运动，而是"上下水平运动"。在户外生活的猫咪会爬上屋顶，然后沿着墙水平移动。请务必安排好家具的位置，创造一个可以上下和在上面水平移动的空间吧。

| 5 | 可以安心待着或者隐藏的地方

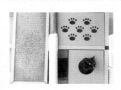

猫咪需要的不仅是一个害怕的时候可以躲起来的地方，它们在"狩猎"时也需要藏起来狙击目标。在高处给它们创造一个可以放松的空间，让它们躲在里面时可以看到外面，或是给它们一个小小的可以安心藏身的地方。推荐将航空箱放在房间里，这样既可以当作藏身之处，又可以使它们习惯待在航空箱里。

| 6 | 磨爪子的东西

猫咪磨爪子的原因主要是打理作为武器的爪子和做标记。竖着放（右边的图片）和横着放（P63上的图片）两种都需要。竖着的可以放在房间的入口处，高度以猫咪伸展身体后可以摸到爪子为准。猫咪的喜好各种各样，我们要帮它们找出喜欢的类型，经常为它们更换新的东西。

第4章

享受与猫咪共度的悠闲时光篇

　　为了更加愉悦、充实地和猫咪一起生活，相互之间的信赖关系尤为重要。本章集结了可以加深主人和猫咪之间信赖关系的游戏"秘方"。尽管很喜爱猫咪，但是否有点儿单方面将爱意强加于它们了呢？猫主人对猫咪倾注的感情要让它们觉得舒服才行。本章介绍的游戏"秘方"，可以通过每天的练习加深彼此之间的信赖关系，请一定要挑战一下哦。

主人、主人，快叫
叫我名字？

喜欢上自己的名字

**这是一个可以让猫咪喜欢被叫到名字的
精彩的游戏。**

  你给猫咪起的是什么名字？可爱的、绞尽脑汁想出来的、充满爱意的……如果猫
咪能喜欢上给它们的第一份礼物——名字，那该多好啊！猫咪是可以意识到主人起的
名字是"它们很喜欢的一个声音"的。为此，将"它们的名字"和"对它们来说有好
事情发生"联系起来就很重要了。我们下次呼唤猫咪的时候，不要向它们索求什么，
而是感恩它们陪伴的同时，给出喜欢的零食吧。另外，为了让它们在生病或不安的时
候听到名字而感到安心，我们来设法让它们喜欢上自己的名字吧。

【 需要准备的东西 】零食
【 玩耍频率 】为加深信赖关系，请每天进行练习和复习！

已经习惯自己名字的猫咪

步骤 **1**

在靠近猫咪之前，手握 3~5 颗零食做好准备。接下来叫它的名字。这时不能在叫名字前让它看到手里的零食，也不能在叫它名字的同时移动握着零食的手。因为信号复杂的话，猫咪会无法理解。必须按照叫名字、给零食这样的顺序进行。

步骤 **2**

一边叫名字或者叫完名字后，一边靠近猫咪。为了让它明白叫的是它的名字，只叫一次就可以了。这时和它双目对视之后就慢慢地眨一下眼睛并靠近它。

步骤 **3**

手掌里放一颗零食递到猫咪面前。等它吃完一颗时叫一下它的名字，再给出一颗，直到喂完手中的零食，然后安静地走开。绝对不能说一些诸如"好吃吗？"之类的话。

还不习惯自己名字的猫咪

步骤 **1**

和已经习惯自己名字的猫咪一样，手握 3~5 颗零食做好准备。接下来叫它的名字。这种情况下也不能连着叫好几次。为了让它明白叫的是它的名字，清晰地叫一次就可以了。

步骤 **2**

靠近猫咪。为了保持不看它的脸而是看整体，请从侧面慢慢地靠近它。如果从正面直视并且不断靠近它的话，会使它紧张，绝对不能这么做。

步骤 **3**

不和它对视，从侧面而不是正面将零食放在猫咪面前。它吃的时候不要一直盯着它看。叫完名字后将零食放下，直到喂完最后一颗，然后静静地走开。

喵喵喵，
喵～呜 ♡

用可爱的声音喵喵叫

**如果您正因为猫咪叫声太大而感到困扰，
就来做这个能让它们发出可爱声音的练习吧。**

　　猫咪的叫声非常可爱，但除了婴幼儿和繁殖期，猫咪原本并不是用叫声来交流的动物。如果叫声可爱也就算了，有时候它们的叫声还是挺烦人的。那么它们到底为什么而叫呢？这是因为它们对主人有诉求。首先能想到的是"我想要玩！我想要你照顾我"。如果你的猫咪经常叫的话，请尝试多做做本书中提供的游戏"秘方"，想想让它们开心的办法吧。猫咪渴求和主人建立关系，回应这个需求很重要。如果猫咪用可爱的声音朝着您喵喵叫，请做出回应后尽情地享受这可爱的叫声吧。

【 需要准备的东西 】零食
【 玩耍频率 】为加深信赖关系，请每天进行练习和复习！

步骤 **1**

这是只能在猫咪发出叫声的时候进行，并且不用响片的一个"秘方"。为了能够在猫咪发出可爱或者温柔的叫声时及时挑战，请把奖励品装在密封盒里放在身边。

步骤 **2**

在猫咪发出可爱的叫声之后，手里藏好奖励品，回答一句"什么"，然后慢慢地靠近它。这时即便和它视线相交，也要注意不要一直盯着它，否则它会感到紧张。

步骤 **3**

将隐藏在手里的奖励品喂给猫咪吃。刚开始的回答统一为一种（这里指"什么？"）。即它叫一下我们回答一次，然后给出奖励品，重复这样的练习。

步骤 **4**

等到猫咪会发可爱的叫声之后，就可以用"来了""怎么了？"等其他各种各样的语言来回答，享受跟猫咪交流的过程。

小贴士

猫咪经常叫唤，但你不可能每次都能回应它。有时候无法给它奖励品，仅仅只能回答和注视它，这也没关系。但几次之后还是要给它一次奖励。这种情况下可以试着练习"等一下"这个口令。说了"等一下"之后，暂时对它的叫声不做出回应，等手里的事情做完、它再次发出叫声的时候奖励它。

过来

想要叫一声"过来",它就会来到我身边!
这是可以满足上述贪心要求的游戏秘方。

　　如果喊一声"过来"猫咪就会乖乖来到我们身边的话该有多开心啊!在这个游戏里,当猫咪来到我们身边时,就奖给它们喜欢的东西吧。如果我们是可以满足它们期待的主人,它们也一定会产生"主人叫我我就去吧"这样的想法。"过来"这个游戏让我们从终点开始练习。无须它们"来到身边",只要"在你身边"就行了。一开始无须猫咪移动,对在你身旁的猫咪说"过来"然后就给出奖励。当它们明白在主人身边有好吃的这样一件事后,即使你离得比较远,它们也会过来的。到时候喊一声"过来",并马上给出奖励。

【需要准备的东西】零食
【玩耍频率】会之前每天练习,会了之后为加深信赖关系,也请每天进行复习!

步骤 **1**

坐在猫咪附近，温柔、清晰地说一次"过来"。即使它不动也给出奖励。

步骤 **2**

每天重复数次步骤1。让它记住"过来=零食"，就如同"响片=零食"一样。

步骤 **3**

不光坐着的时候可以做这个练习，站着的时候也可以做。只说一次"过来"，然后马上给出奖励。

步骤 **4**

在猫咪吃的时候静静地退后一步，等它吃完马上再说一次"过来"。等它靠近时，将奖励品放在自己的身旁。

步骤 **5**

坐在沙发上或者以各种形式进行练习。猫咪一旦靠近，请将奖励品放在自己身边让它吃。

步骤 **6**

这个练习最好不要失败。因此要等猫咪的注意力在我们身上的时候再说"过来"。

步骤 **7**

和猫咪之间可以制订出"过来=零食"的规则。这样一来，当你说"过来"的时候就能让它过来了。

小贴士

只有在行动之后马上出现奖励品才能将行动重复下去。因此一开始猫咪只要朝着我们迈出脚步就奖给它东西。要点就是一边重复着成功的操作一边慢慢拉开和它之间的距离。

这样的时光
太幸福了～喵 ♡

幸福的抱抱

**讨厌被束缚的猫咪,想要通过抱抱表达爱意的猫主人。
这是能使双方互相妥协的"秘方"。**

　　还有什么比抱着猫咪更幸福的事了呢？对于爱猫人士来说,抱着它们是件无比幸福的事。但遗憾的是,大多数猫咪并不喜欢被束缚。话虽这么说,很多人还是想要抱抱猫咪吧。此外,抱抱在很多场合都是需要做的。尤其是为了猫咪的健康,还是让它们适应被人抱比较好。一边是想要抱猫的主人,一边是不喜欢被束缚的猫咪,为了让双方互相靠近,重要的是掌握尽量减少猫咪身体负担的抱的方法。通过做游戏快乐地进行练习,和猫咪之间建立起想要被我们抱抱的信赖关系吧。

〖需要准备的东西〗用弹舌(P21)来给出信号和零食
〖玩耍频率〗会之前每天练习,会了之后为加深信赖关系,也请每天进行复习!

步骤

1

让猫咪跳上膝盖（P54），使它习惯手臂的移动。轻轻地晃动一只手臂的前臂部分，按下响片给出奖励。习惯了一只手腕后再进行另一只手腕的练习。等它不在意手臂的移动后进入步骤2的练习。

步骤

2

让猫咪习惯被一只前臂触碰。当触碰到它毛发的瞬间按下响片并给予奖励。用同样的力度重复5次。适应了之后换另一只手臂。

步骤

3

让猫咪习惯被前臂到指尖的部分触碰。当触碰到它毛发的瞬间按下响片并给予奖励。每只手臂重复5次，每次逐渐加大触碰的力量使之习惯。另一只手臂也要同样练习。

步骤

4

接下来进行双臂的练习。一只手臂触碰之后，另一只手臂触碰身体1秒后按下响片并给予奖励。重复5次之后，接下来每次增加1秒，直到可以持续10秒之后将一只手移到猫咪的下半身，像包裹它一样进行触碰。

步骤

5

在膝盖上做P38的搭手腕练习。在膝盖上做跟在地上做不一样，所以要重新练习。为了让猫咪方便将前脚搭上来，可以放低手腕或者将其抬起来协助它完成动作。

步骤

6

从搭手腕到抬起它，下半身也支撑着抱起猫咪。在它后腿悬空后的瞬间按下响片给予奖励。重复此动作，一点点地延长抱它的时间。

舒服得都
快睡着了……

全身抚触

这是可以一边享受跟猫咪之间的亲密关系，
一边还能为它们检查身体的开心"秘方"。

　　对猫咪进行全身抚触，不仅可以增进跟它们之间的感情，还能检查它们的身体健康状况。对于因为猫咪不喜欢就不去碰它们或者无法碰它们的人来说，一定要借此机会掌握它们容易接受的抚摸方式。不要突然去抚摸猫咪，请先试着用自己的手臂感受一下。突然啪地拍一下和打个招呼后轻柔地开始抚摸，感觉上有什么不一样？请一定亲身体验一下，借此了解猫咪的感受。即使你认为肯定没问题，也还是要考虑到对象是猫咪，力度尽量轻柔。有很多猫咪看上去很平静，但其实内心意外地敏感，所以一定要温柔地抚摸哦。

【需要准备的东西】没有
【玩耍频率】会之前每天练习,会了之后为了检查身体,也请每天进行复习!

步骤 1

在猫咪惬意休息时，打声招呼再去摸它吧。首先用手背代替手掌，从它耳朵后面温柔地抚摸到肩胛骨附近。请如同飞机降落般地去抚摸。

步骤 2

同样抚摸猫咪背部和身体两侧。逐渐从手背抚摸改为手掌抚摸。另一只手像在支撑一样放在猫咪身体的另一侧。

步骤 3

双手同时进行抚触。一只手找到猫咪喜欢的地方进行抚摸，另一只手从它前腿的根部朝着爪子的方向抚摸。试着同样抚摸它的肚子。请注意要用手掌去抚摸。

步骤 4

记住一只手始终抚摸着猫咪喜欢的部位。另一只手在离开它身体的时候，要像飞机起飞时那样，轻轻地抬起。请左右手交替进行练习。

步骤 5

同样，一只手抚摸着猫咪喜欢的地方。另一只手从腰部开始沿着后腿抚摸到爪子。请注意不要用冰冷的手抚摸，因为会使它们产生不快的感觉。

步骤 6

可以不用两边同时进行，慢慢来。最后只要把猫咪感到舒服的地方抚摸到位就行了。轻拍腰部也好，轻挠脖子也好，尽情地抚摸它们喜欢的地方吧。

今天的毛色
怎么样啊?

梳理毛发

**为了使猫咪满意不断磨炼手艺,
为了猫咪的健康,每天都为它们梳理毛发吧!**

　　为了猫咪的健康成长,毛发的梳理十分重要。但如果梳理毛发成了一件让猫咪感
到厌烦、需要忍耐的事,那就太可悲了。让我们将梳理毛发作为P76-77全身抚触的
延伸,使它们习惯吧。本"秘方"使用的工具是发梳,每只猫咪会有各自喜欢的形状
和触感,为它们挑选喜爱的工具非常重要。另外梳理毛发必须遵守的一个原则是"不
要弄疼它们"。毛发纠缠在一起时,强行去梳肯定是疼的,所以为了不弄疼它们,请
务必用一只手按住毛发根,小心轻柔地梳理。

【需要准备的东西】梳子(猫咪喜欢的刷子)、响片、用来舔的零食
【玩耍频率】会之前每天练习,会了之后为了加深信赖关系,也请每天进行复习!

步骤 1

将用来舔的零食涂在一只手掌上。趁猫咪舔舔的时候，用梳子的背面抚摸它的身体。先从跟它制订"梳子=零食"的规则开始吧。

步骤 2

等它一看到梳子就会走过来、认为梳子是个好东西的时候，就可以用梳齿去碰它的身体了。这时还不要尝试去疏通它的毛发，将梳子稍稍放平进行抚摸就行了。

步骤 3

只要一用梳齿去碰猫咪，就马上让它舔舔涂在手掌上的零食。趁它舔舔的时候，稍微梳理一下毛发。请一定注意不要拉扯到毛发或者太用力地碰，以免引起它的不适。

步骤 4

在手掌上涂零食为猫咪梳理毛发实在有点儿麻烦。等到它可以一边吃一边梳的时候，开始使用响片吧。梳理一下就按下响片给予奖励，由此慢慢地增加梳理的次数。

步骤 5

将"梳子=零食"的规则转为"梳理=零食"。在猫咪吃奖励品的时候不去碰它。此外，它如果吃完东西去别的地方的话，就结束梳理。

步骤 6

即使猫咪习惯了，可以乖乖地让我们梳理毛发，也请用另一只手按住身体进行操作。这样做是为了不让它们感受到毛发被拉扯的疼痛。稍微梳理一会儿后就夸它"真乖"，并给予奖励。

如何建立信赖关系?

老说"狼来了"的话，结果会怎样呢?

变得没有反应

　　教会猫咪"过来"后，我们就可以一动不动，等着它们轻快地跑过来，多么省心啊！在练习期间，每次它们过来都要给出奖励。一旦它们掌握了之后，反而会容易认为"不给它们奖励也能做到"。诚然，猫咪不会因为一两次没得到奖励而突然不来了，因为断断续续地给出奖励也是可以维持行动的。但如果完全不给，它们到主人跟前的这一行为就会锐减。大家容易用猫咪是喜爱自由的动物这种老生常谈来解释它们的这一行为，其实这只是它们学习到了行动不会给它们带来什么好处后的结果而已。如果有人叫我们过去一下，待我们急匆匆地赶过去后，对方却说"没什么事""我就是叫叫"之类的话，相信我们也会变得跟猫咪一样吧。

骗人的话，结果会怎样呢?

　　如果猫咪会"过来"、可以被抱抱的话，就不用满地追着它们跑或者一直等到躲起来的它们自己出来，再加上猫咪如果还能主动做这些事，更没理由不掌握这些方法了。叫它们"过来"它们就会来到身边，那抓住它们就变得很容易。抱起它们，把它们放入航空箱或者体重计上也变得轻松省力。然而这样一来，它们却变得不怎么肯"过来"，也不怎么肯被抱了。有人会用"猫咪是任性的动物"这种老生常谈来解释这一行为，但其实这是完全符合猫咪行为的规律。即它们行动后，出现了不习惯的会唤起去医院的不安及恐怖的航空箱、没见到过的体重计等东西，导致了它们不再继续这一行为。

过来！

过来！

被它识破

猫咪对不喜欢的事情不会重复去做。那如果奖励品和不喜欢的事情都有可能出现的话，猫咪会怎么做呢？几次行动之后，猫咪就会根据情况，在只有奖励品出现的时候采取行动。这也能用猫咪是反复无常的动物这种老生常谈来解释吗？撕下这些既有的标签，用猫咪的行为规律去思考的话，就能明白它们是很擅长学习的动物。

诚实对待它们的话，结果会怎么样？

最后一个关于猫咪的老生常谈是"猫咪是训练不出来的"。但从本书介绍的例子来看，它们一直是按照不浪费精力做不喜欢的事这一原则行动的。虽说是为了猫咪好，但如果欺骗或者强迫它们做事的话，会导致它们对主人丧失信任。

从猫咪那里获取信任的唯一办法是讲好不做它们不喜欢的事，并遵守这个约定。如果遇到它们不擅长做的事，就想办法教它们快乐地去做。

开心地跑过来

叫它们"过来"它们就过来，是因为来了之后就有开心的事情等着它们。不要忘记我们看到它们乖乖过来后的心情——"来了啊？""谢谢你！""好棒啊！"——这些是无法通过语言传递给它们的，所以一定要通过一颗奖励品来告诉它们哦。

没有毅力也没关系

话说回来，教育、训练之类的都需要毅力。"毅力"这两个字本身就给人一种没完没了地重复一件事情的印象。

猫咪踏踏实实学习下去的轨迹是常常能给我们带来快乐和喜悦的"奖赏"。用食物进行表扬的教育和训练，并不仅仅是我们对猫咪进行的表扬而已。实际上，这也是因为食物能给它们带来快乐，所以才持续有效。如果因为偏见而不去了解这一乐趣的话，实在是太可惜了。

第 5 章

一边玩一边轻松进行的健康管理篇

通过游戏和猫咪之间建立起来的规则意识和信赖感加深了之后，就可以将这些"秘方"用于对它们的健康管理上。突然给它们剪趾甲或者喂药，甚至强行让它们做这些不喜欢的事，会将好不容易建立起来的信赖关系毁于一旦。通过游戏让猫咪愉快地体验这些它们不擅长的事，就能在关键时刻减轻它们的压力。为了彼此之间的信任，请一定用游戏"秘方"进行这方面的练习哦。

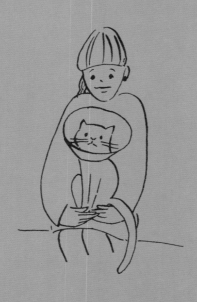

是零食吃多了吗,喵?

测量体重

和猫咪一起愉快地练习,
顺利地测出体重,帮助健康管理。

作为猫咪健康管理的一环,体重的测量非常重要。如果它们能主动跳到体重计上来,管理就会变得很轻松,还可以经常测量。为了尽量精确地测量体重,本书推荐使用婴儿体重秤。用数字管理体重和"用目测或者抱的方式"感觉体重一样重要。猫咪每个季节毛发的长势都不一样,所以光目测会有看不出体重变化的时候,也就产生了体重变化被忽视的风险。让我们通过做这个游戏,来轻松测量猫咪的体重,使它们不要长得过胖(过瘦)。

【 需要准备的东西 】体重计 (最好是婴儿体重秤)、响片、零食
【 玩耍频率 】会之前每天练习,会了之后为了管理身体情况,也请每天进行测量!

步骤 **1**

首先让猫咪练习靠近体重计。伸出食指，当它往体重计这边靠近一步时就按下响片给出奖励。如果它因为不习惯体重计而不肯靠近时，不要着急地让它上去，这点很重要。

步骤 **2**

待猫咪习惯了体重计这一物体后，再开始练习上体重计。首先用食指引导它走到体重计上。只要它一只脚踩到体重计上就尽快按下响片给出奖励。

步骤 **3**

从一只前脚到两只，再一只后脚，这样一只脚一只脚地按顺序走上体重计。每上一只脚都按下响片并给予奖励，但记得要把奖励品放在体重计上。

步骤 **4**

等猫咪四只脚都上到体重计之后，在上面给它3~4颗零食。因为它吃东西时会晃动，无法准确测量到体重，所以一开始只要稍微延长它待在体重计上的时间就可以了。

步骤 **5**

在猫咪上体重计之前按下开关。等它上来之后奖励它一颗零食，吃完后再给出一颗。就这样慢慢地拉开给零食之间的间隔，以延长它在体重计上的时间。

步骤 **6**

如果猫咪可以在不吃零食的前提下放松地在体重计上待一会儿，就可以测量到它的标准体重了。测好体重后给它一些奖励。另外为了健康，每天都要测量体重哦。

剪趾甲是一种教养，喵！

剪趾甲

不要"趁它们睡觉的时候去偷袭"，和猫咪一起合作来挑战剪趾甲吧！

　　和猫咪一起生活需要帮它们打点的代表事项之一就是剪趾甲。然而，却有好多人为此苦恼不已，还有些人即使没让猫咪受累，也还是让它们觉得这事儿很"讨厌"。我偶尔会听说有人趁着猫咪睡觉的时候给它们剪趾甲。对猫咪来说，"家"应该是可以安心居住的场所，因此应该致力于为它们提供一个"内心可以得到安宁的家"。在睡着的时候有人让自己做不喜欢的事，和这样的人同处一室，猫咪是无法安心的。让我们通过这个游戏"秘方"，和猫咪一起练习让双方都不感到讨厌的剪趾甲吧。

【 需要准备的东西 】猫咪专用的趾甲剪、弹舌(P21)、零食
【 玩耍频率 】会之前每天练习，会了之后每天剪一根！

让猫咪跳上膝盖伸出手（前脚）来。剪趾甲时无法拿着响片，所以我们通过弹舌来给出奖励。稍微握住它伸出的前脚后弹舌并给出奖励。重复5次。

用没有握住它前脚的另一只手拿起剪刀，给猫咪看了之后弹舌。然后放下剪刀，放下它的前脚，将奖励品放在手掌给出。和步骤1一样重复5次。

用和步骤2一样的姿势，拿剪刀轻轻地碰它的前脚，弹舌并给出奖励。重复练习直到它对此没什么反应。这个过程做5~6次就可以了。

用和步骤2一样的姿势，将它的一根趾甲挤出来，像步骤3那样用剪刀轻轻地碰趾甲后，弹舌并给出奖励。更换趾甲，重复练习直到猫咪不再介意。这个过程做5~6次就可以了。

和步骤4一样，将一根趾甲挤出来，剪下趾甲的同时弹舌并给出奖励。更换趾甲多次练习，这个过程做5~6次就可以了。

经过步骤5，这次开始每次只剪一根脚趾。剪完后奖给它特别好吃的零食。剪趾甲如果按照每天只剪一根、剪完后立即给好吃的规则进行的话，可以减轻猫咪的负担，轻松完成。

好好吃!
我还要!
我还要 ♡

喂药练习

为了关键时刻减轻猫咪的负担,
让我们通过愉快的练习来掌握喂药的秘诀吧。

即使猫咪现在身体健康,但随着年龄的增长,给它喂药的概率也会变高。这是很久以后才会发生的事还是近在眼前的意外,谁也说不清楚。如果从平时就做好这方面的练习,到了关键时刻就可以减轻猫咪的负担,让它们积极地和病魔做斗争。为了关键时刻不后悔,请考虑一下在其健康的时候做可以做的事。为了在需要喂药的时候有信心让它们吃下去,首先让我们用零食作为药片,然后用注射器来喂水,再用盖着盖子的眼药水来进行练习吧。不管哪一个练习都要在猫咪感到舒适的范围内进行。

【需要准备的东西】※记录在各个练习项目里。
【玩耍频率】会之前每天练习,会了之后偶尔也要进行复习哦!

| 吞药片 |

【需要准备的东西】零食(干燥型食物和猫咪喜欢的食物)※用弹舌(P21)给出信号。

※用弹舌(P21)给出信号。

步骤 **1**

用不常用的那只手轻握抚摸猫咪头部。逐渐用手掌抚摸它感到舒服的地方。摸头练习请参考P42上的详细介绍。

摸头练习请参考P42上的详细介绍。

步骤 **2**

完成步骤1后，接着用手掌紧贴猫咪头部，手指包住头进行抚摸。抚摸一次后马上弹舌，把手拿开并给出奖励。重复练习几次。

步骤 **3**

用手掌抚摸时，大拇指和中指像把猫咪嘴巴两端往上拉似的做动作。用这种方式稍微将它的头往上抬一点。每向上一点就弹舌给出奖励。重复练习直到可以将它的头完全抬起。

步骤 **4**

用手掌包住猫咪脑袋使其抬起，用大拇指和中指将它嘴巴两端轻轻按下去。这样它的嘴巴会打开一点点。按下嘴巴两端的瞬间弹舌并将手拿开，给予奖励。

步骤 **5**

放一颗零食在惯用手里。另一只手的手掌包住头部往上抬的同时，用拿着零食的惯用手的中指轻轻地碰它的下唇。碰到的那一瞬弹舌并将手拿开，给予奖励。

步骤 **6**

合并步骤4和步骤5。用包住脑袋的手按嘴巴两端打开嘴后，另一只手的中指将下唇打开。在猫咪张大嘴的瞬间将零食放到它嘴巴里面。手拿开后马上奖给它特别好吃的食物。

※正式喂药时的小贴士在P91。

| 习惯注射器 |

【需要准备的东西】注射器、将用来舔的零食用水稀释后做的汤。

步骤
1

做一份猫咪喜欢喝的汤。将其吸到注射器里，再挤到它面前的盆子里。请刻意地挤慢一点，差不多到猫咪迫不及待要去舔注射器的程度就可以了。

步骤
2

重复步骤1的过程，当你感觉猫咪只要一看到注射器就"想快点吃到里面的东西"时，就可以用注射器直接喂它了。喂的量只需要一点。

步骤
3

现在要让猫咪习惯注射器喂食时身体被压住。首先一边抚摸它的脑袋一边喂吧。如果它进食的时候可以毫不在意地被抚摸就可进入步骤4。

步骤
4

完成如图片所示，用手掌包住猫咪的整个脑袋，然后就这样用注射器给它喂食。如果它对此不反感的话，就可以进入步骤5。

步骤
5

用胳膊将猫咪靠到自己身边。不要强行压住它，而是轻柔地包住它。刚开始的时候如图片所示，注射器碰一下马上移开。然后每次延长一秒进行练习。

小贴士

到了真正喂药的时候，有时因为猫咪讨厌药味，所以要稳住它们的身体，从嘴巴旁边将药灌进去。另外，用注射器一点一点地喂比想象中困难，所以要像图片那样，用四根手指紧紧地握住针筒，再用大拇指来按。趁此机会，用好喝的汤来进行练习吧。

|滴眼药水|

【需要准备的东西】装眼药水的容器(不打开盖子来使用)、零食
※ 用弹舌(P21)给出信号。

步骤 **1**

一边轻抚猫咪的脑袋，一边让它看眼药水，弹舌并给予奖励。这个练习重复5次左右。弹舌后把手拿开，再给出奖励。不习惯被摸头的猫咪请从P43的摸摸头练习开始。

步骤 **2**

完成步骤1之后，用拿眼药水的那只手的小指根部抵住猫咪的下颚，再用另一只手的手掌一边抚摸它的脑袋一边将脑袋抬起。弹舌，把手拿开给出奖励。

步骤 **3**

和步骤2一样将猫咪的脑袋抬起后，迅速拉开它的眼皮，做出点眼药水的样子。从做完马上弹舌，到等一下再弹舌，逐渐延长得到奖励的时间。左右眼都进行同样的练习。

小贴士

　　每个练习的共同点是让主人习惯使用注射器或者眼药水，并让猫咪对这些道具和相应的动作产生好感。另外，重要的不是"猫咪感到厌烦"就不做，而是"做到不让它们感到厌烦"或者"在它们感到厌烦前"停止。让我们和猫咪一起制订一条只要忍耐一小会儿就会有好东西吃的规则，然后再慢慢地增加忍耐时间和力度，练习让它们感到"这样也行"来代替"忍耐"。

　　如P89所示，到了正式喂药的时候，推荐喂完药后让猫咪喝点儿水。用注射器装5ml的水吧。这时如果用好喝的汤代替水的话，会成为一种奖励，所以请把美味的汤装到注射器里。

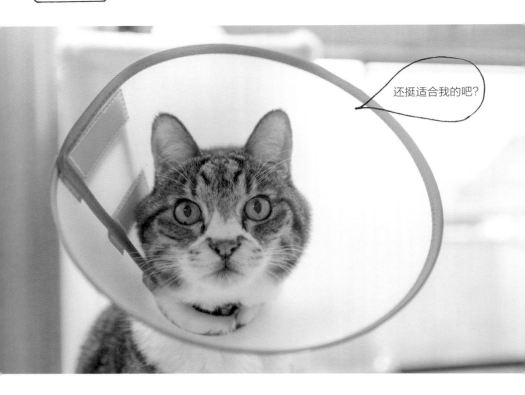

还挺适合我的吧?

习惯宠物防护罩

**只有在健康的时候让猫咪习惯,
才能在关键时刻减轻它们负担!**

已经是十多年前的事了,我的爱猫因为身体不好而戴上了防护罩。因为是第一次戴,所以它惊慌失措。每次移动身体它都会撞到四周,因为不能按照自己的意念移动而心情低落……

像这样到了万不得已要戴防护罩时再开始练习是来不及的。猫咪身体不好或食欲不振时根本不是做练习的时候。因为防护罩是生病时才用得上的东西,所以大家容易认为生病时再开始用也是没办法的事,但其实完全可以趁着它们健康的时候,通过做练习来让它们一点点地适应起来。

【 需要准备的东西 】宠物防护罩、零食 ※ 用弹舌(P21)给出信号。
【 玩耍频率 】会之前每天练习,会了之后偶尔也要进行复习哦!

步骤
1

让猫咪来亲我们的鼻子（P40），这次放一只手在面前。它咚的一下碰上我们鼻子的时候就弹舌并给出奖励。

步骤
2

给猫咪看防护罩，并弹舌给出奖励。重复5次，每次逐渐靠近它。

步骤
3

将手放在防护罩前面，让猫咪来亲鼻子。完成的瞬间弹舌，放下防护罩并给予奖励。

步骤
4

等猫咪完成以上动作后，将手拿开，让它穿过防护罩来亲鼻子。做到了就弹舌并给予奖励。

步骤
5

慢慢地让猫咪主动伸出脖子来亲我们的鼻子。如果它不想做也不要勉强，回到第一阶段重复练习。

步骤
6

在猫咪穿过防护罩亲我们的鼻子时，砰的一下将防护罩穿到它的耳朵后面，并马上弹舌给出奖励。

步骤
7

轻松地将防护罩放到猫咪耳朵之后，直接扣上防护罩。扣上后马上弹舌，解开防护罩并给出奖励。

步骤
8

等猫咪习惯了之后，扣着防护罩弹舌并给出奖励。每次增加一颗奖励，延长戴防护罩的时间。等它吃完就将防护罩摘下。

再往里面刷刷,喵 ♡

喜欢刷牙

**用牙刷帮猫咪刷毛,
最终是为了能给它刷牙。**

猫咪是很喜欢刷毛的一种动物,每天都可以看到它们将全身舔了个遍来梳理毛发。但是,它们无法舔到自己的脸周围,这时候牙刷就可以出场了。牙刷因为跟猫咪的舌头触感相似,所以在它们放松的时候,先用牙刷像刷毛一样地抚摸脸的四周吧。等它们习惯了之后,再试着去触碰它们的嘴巴里面。慢慢地延长牙刷放在嘴里的时间,直到最后可以刷牙。本游戏的关键是不能勉强它们。不要试图一次完成所有的步骤,都会了之后也要像今天刷左侧、明天刷右侧那样交替进行,短时间内结束可以让猫咪感觉良好。

〖 需要准备的东西 〗儿童用牙刷。
〖 玩耍频率 〗会之前每天练习,会了之后为了身体健康管理也请尽量每天复习!

步骤
1

在猫咪松懒地放松时进行。在猫咪喜欢被抚摸的地方，比如两颊、额头和下巴下方，用牙刷像刷毛一样抚摸。

步骤
2

一边确认猫咪有没有很舒服，一边扩大刷毛的范围。等到可以用牙刷刷嘴巴周围时，用另一只手试着翻开它的嘴唇，然后马上继续用牙刷抚摸它。

步骤
3

等到猫咪可以舒服地接受刷毛后，掀开它的嘴唇，用牙刷轻轻触碰一下牙齿后继续抚摸。一边确认它舒不舒服一边继续。

步骤
4

一点一点地延长牙刷碰牙齿的时间。可以抵住牙齿左右来回一次后，好好地抚摸它感到舒服的地方。

步骤
5

继续延长牙刷碰牙齿的时间，但每次不要刷遍所有的牙齿。可以今天刷右侧、明天刷左侧这样交替进行，尽量在短时间内结束，不要让猫咪感到不舒服。

小贴士

因为太想帮猫咪刷牙，导致只要一拿起牙刷它们就逃走。为了防止此类事件的发生，让我们帮助它们爱上牙刷吧。终极目标是能够刷到上排牙齿的外侧。一般认为刷牙在吃完东西后进行，但一边给它们零食一边刷牙也是可以的。

每天检查排泄物，做好日常健康管理

让我们养成每天检查猫咪排泄物的习惯

　　对猫咪的健康管理来说，吃饭、排泄和体重的管理是很重要的三件事。这里介绍检查排泄物的方法，即保持厕所的清洁卫生、观察排泄物、在健康管理表上记录一天拉了几次、拉了多少等。这些事情对于保持猫咪的身体健康、早期发现身体的异样都是必要的。

　　有些人可以回答出猫咪有几次大便，却不清楚有几次小便。的确，大便的变化容易觉察到，而小便的变化却很难发现。然而，泌尿器官出问题的猫咪有很多，所以观察小便非常重要。如果能在家里采集到尿液的话，我推荐定期送到医院进行检查。

　　这里介绍的是用汤勺采集尿液的方法。如果勉强为之的话会造成猫咪避开我们排泄等问题，所以我认为比起采集尿液，仔细观察它们的排泄行为更加重要。因此，如果猫咪出现看到汤勺靠近就停止排泄或者逃离厕所的行为时，不要勉强它们。首先让我们以看着它们排泄为目标，在它们开始排泄时就拿着零食等它们吧。

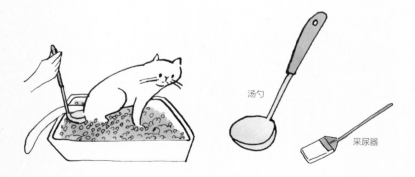

汤勺

采尿器

※ 做尿液检查时用到的所有工具必须是干净的，否则会影响到检查结果，请务必注意。
※ 除了汤勺之外还有叫 urine catcher 的采尿用勺子，选择容易操作的那种就可以。

练习采集尿液的方法

1 猫咪排尿的时候在一旁观看。撤掉有遮盖的厕所遮盖物。猫咪从厕所出来后可以给它零食。

2 猫咪会因为突然进入视线的发光物而受到惊吓。为了让它适应，在它排尿期间单手拿着采集尿液用的汤勺，等它从厕所出来后，一旦它看到汤勺就给它零食。

3 练习第2项的时候注意观察它的排尿方式，想象在哪个方向可以采集到尿液，同时也请仔细观察猫咪的尿液是从哪里出来的。

4 在猫咪排尿的过程中，确认一下实际采集尿液时会做的动作（还未正式采集尿液）。如果在它身边挥动汤勺它也不在意的话，就可以进行到下一步了。

5 将汤勺底部放在看上去可以采集到尿液的猫砂上。从放1秒钟开始，如果到放5秒钟它也能保持原来的姿势，就可以进行下一步的正式采集了。

6 正式采集尿液也从1秒钟开始。在它马上要小便时伸出勺子，1秒后收回。在这一过程中有可能会舀到猫砂，因为是练习所以没有关系。

※采集到猫咪的尿液以后，定期拿到医院去检查吧（请根据医院的指示将尿液拿过去）。另外我们还可以自己观察尿液。可以看颜色、闻味道，也可以用pH值试纸来检查，这些都可以在家里完成。经常为猫咪检查尿液，以及时发现它们尿液的变化为目标吧。

不习惯被汤勺采集尿液的猫咪

如果很难用汤勺或者采尿器采集猫咪尿液的话，可以考虑用别的方法。平时使用宠物厕所的话，可以利用下层的托盘来接尿液。

这时要将铺在托盘上的吸水垫撤掉。需要将尿液带到医院检查时，可以用注射器或者滴定管将尿液吸起再带到医院。

※重点是猫砂、帘子和托盘等都必须保持干净。

※也可以将保鲜膜铺在托盘上采集尿液。

什么是受诊动作训练？

这是照顾猫咪所必需的训练

所谓的受诊动作训练（以下简称"受诊训练"），指的是教动物们做包含健康管理在内的饲养管理所必需的动作。这个训练的起源是水族馆为了海豚的健康，应用平时训练表演的技术，让海豚将身体放到池边或者挪动身体靠近训练师或兽医，以便他们可以为它做健康检查。

对于家里养的猫咪来说，如果用奖励品的话，也可以做到第5章里介绍的诸如上体重计、张嘴、让人修剪趾甲和进入航空箱等动作。

可以一边玩一边愉快地进行

受诊训练包含了让猫咪们接受被固定（用我们的手或者胳膊压住猫咪的身体使其无法动弹）、被触碰身体和被针扎痛等很多它们不擅长的事情。要使它们心平气和地对待不擅长的事情，就要让作为奖励的食物和引起不快、不安和恐怖情绪的刺激同时出现。比如，想要固定住它们的话，先给出刹那间触碰毛发这样微小的刺激，然后马上送出美食奖励，重复几次，逐渐增加触碰

的力度。像这样，在猫咪放松的状态下给它制造轻微的不快感，然后给出奖励，直到可以用手按住它身体为止。做得好的话，猫咪感受到的负担会很小，基本上和愉快地玩耍没什么区别。

受诊训练赋予猫咪选择的权利

如果问猫咪："要吃药吗？"大部分的猫咪会因为讨厌被喂药而逃走吧？猫咪是讨厌吃药，还是讨厌身体被触碰，还是两者兼而有之呢？

实际上猫咪并不是通过咀嚼进食的动物，所以它们应该不会讨厌吞咽没有味道和气味的药片本身。它们之所以逃跑是因为吃药时会被抓住强迫喂药，却没有任何一件好事情会发生的缘故。

受诊训练是为了让我们可以给猫咪一个简单明了的选择而做的准备："吃完药后有奖励，不吃药就没有奖励。吃？还是不吃？选哪个？"比如喂药时，我们需要打开猫咪的嘴巴，因此从练习触碰它的身体和脸部开始，通过发挥奖励品的力量，让它可以面对除了"将药放入嘴里"之外所有不擅长的动作。完成这些后，就可以让猫咪做出吃药或者不吃的选择。

有人会误以为受诊训练可以让猫咪老老实实地接受所有的治疗。但痛的时候是真的痛，苦的药也是真的苦。无论怎么练习都不可能让猫咪达到忘记痛苦的境界，所以需要根据实际情况使用固定的东西、麻醉药或镇静剂。请记住，要训练它们接受为了得到好吃的奖励品所能忍受的程度。

先从教它们几个可爱的动作开始吧

有的人虽然不想教猫咪表演，但听说是受诊训练，还是想要尝试一下。这个过程中要注意有可能会感受到挫折，或者给猫咪增添负担。受诊训练还是需要一定技巧的，因此更加要尽可能地减少失败的次数。

首先从教它们几个可爱的动作开始，知道怎么教它们。这些动作比受诊训练要简单，猫咪即使做得不好也可以得到奖励，因此哪怕失败了也不会留下后遗症。同时，随着猫主人越来越会教，猫咪也学会了付出行动会得到奖励这件事，它们会因此而干劲十足地参与到受诊训练中哦。

第6章

一边玩一边准备的紧急情况应对篇

　　能够健康愉快地度过每一天当然是再好不过了，但猫主人的职责还包括考虑如何应对去宠物医院或避难等紧急情况。此外，日常生活中，客人来访等事情有时也会成为猫咪的一种负担。如果能为猫咪开拓更为广阔的天地，它们的压力也会随之减轻。让我们通过各种各样的游戏使猫咪养成豁达开朗的性格！本章介绍的就是几个能实现猫主人此愿望的游戏"秘方"。

其实我是想跟大家一起玩的,喵♡

习惯有客人来

**家里来客人就消失得无影无踪的猫咪,
其实只要给它们安全感,就能克服怕生。**

　　家里来客人时,你的猫咪是不是会躲起来?这时如果觉得"猫咪就是这样的"然后放任不管的话,对它们来说其实是件很悲惨的事。猫咪是因为害怕这种场景,所以选择了逃避(或者是战斗)。"因为它们感到害怕,所以为它们弄了一个可以躲藏的地方"是正确的方法之一,但这不解决根本问题。我们需要考虑的是,客人真的很可怕吗?客人一般不会去欺负猫咪,所以重要的是告诉猫咪"这不可怕,没关系的",让它们在有客人时也能安心地度过。

【需要准备的东西】响片、零食(它们特别喜欢的)、扮演客人的人
【玩耍频率】尽量频繁地练习。习惯了之后也请继续练习!

步骤 **1**

首先，为了在来客人时猫咪不感到害怕，先给它准备好可以安全躲藏的地方。在客人到来之前，用食指将它引导到那个地方。

步骤 **2**

等猫咪在那个地方安顿下来之后，请拿着它喜欢的食物给它吃。如果它不吃，就安静地请客人回去。试几次它应该就会吃了。

步骤 **3**

来客人时，只要猫咪主动显露出一点想要观察客人的样子就给予奖励。不是用零食引诱它出来，而是用零食鼓励它主动出来。只要它迈出一步，就按下响片给予奖励。

步骤 **4**

如果猫咪对客人感兴趣从而出来了，一开始还是由你来给它奖励。如果它能当场吃掉，那么接下来就可以由客人给它。这时请客人不要和猫咪对视，而是将奖励品放在地板上。

步骤 **5**

当猫咪吃掉了客人给的奖励品后，就可以挑战向客人打招呼了。如果用食指指向猫咪，它们通常会想要凑近去闻。因此，如果猫咪对客人食指感兴趣或者用鼻子凑过去的话，就按下响片并给出奖励。

小贴士

请和扮演客人的人好好地说明游戏规则，请他们务必遵守几个原则：尽量安静地行动、不要多去看猫咪、猫咪靠近了也不去看它的脸、不去碰它。参考P130-131介绍的"克服怕生"，慢慢地进行练习。

嘿，适合我吗？

习惯戴在身上的东西（项圈、系带）

为了应对紧急时刻，
平时就要练习戴项圈和系带

　　大部分猫咪都不喜欢身上有东西，但为了以防万一，平时就让它们习惯用项圈或者系带吧。对于逃到家外面或者地震时走丢的猫咪来说，晶片固然有用，但让人一目了然的还是项圈上写有住址和姓名的牌子。为了紧急时刻得到保护，我建议给猫咪戴上项圈和牌子。此外，考虑到发生灾害的情况，很多人觉得还是用对脖子压力比较小的系带为好。因为用绳子牵引的话，项圈会给脖子造成巨大的压力，因此推荐使用系带。为了让猫咪平时养成习惯，让我们来做练习，使它们一见到项圈和系带这些东西就感到愉快吧。

【需要准备的东西】 项圈或者系带、用来舔的零食和玩具 ※也可以用供练习使用的布偶玩具（不是猫咪玩偶也可以）
【玩耍频率】 每天练习直到会做，会做了之后偶尔也要进行复习哦！

绳子状的系带

通过布偶确认好系带的构造和戴法。因为系带的类型千变万化，所以需要我们去适应。

将膏状零食涂在牛奶盒上。在猫咪舔舔的时候将系带的颈圈部分搭在猫咪脖子上或者围住，等它吃完就马上拿开。

等猫咪不在意系带的存在之后，跟它做游戏时也让它戴上颈圈。做完游戏马上摘下。

等猫咪不在意颈圈之后，将系带的身体部分也给它穿上，和步骤2、步骤3一样让它习惯身体部分的绳子。

将颈圈和身体部位的绳子系上，进行步骤2和步骤3的练习，使它最终可以一次性穿上颈圈和身体部位连着的系带。

背心状的系带

步骤
1

　　和绳子状的系带一样，猫主人先用猫咪布偶等练习快速穿上系带的方法。

步骤
2

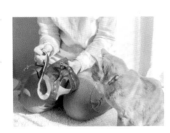

　　在离猫咪稍微有点儿距离的地方让它听拉开粘扣时发出的刺啦刺啦的声音，然后给出零食。之后慢慢地靠近它使之习惯这种声音。

步骤
3

　　和绳子状系带的步骤2一样，在猫咪舔舐膏状零食的时候，将系带给它穿上。等它习惯了之后让它穿着系带玩玩具。

待在这里既安全
又安心,喵 ♡

进入航空箱

为了猫咪可以自然地进入航空箱,
平时就开始让它习惯起来吧。

您是否觉得如果只有去宠物医院的时候才把猫咪放入航空箱,它不习惯是自然的?其实猫咪原本就喜欢狭窄黑暗的空间。只要想到它们会主动钻进纸箱或者枕头形状的床这种习性,就会明白让它们进入航空箱并不是什么难事。如果猫咪可以毫不犹豫地进入航空箱,那外出或者去医院对双方来说都会轻松许多。为此,重要的是教会它航空箱的门是会关上的,这样也不容易引发猫咪因为突然关上的门而受到惊吓,从此再也不进航空箱这样的事情。让我们通过循序渐进的练习让它习惯吧。

【 需要准备的东西 】航空箱、浴巾、门挡、零食
【 玩耍频率 】每天练习直到会做,会做了之后每2~3天复习一次!

※推荐使用从上面或者前面都能拿出猫咪的航空箱。

步骤 1

将航空箱的门摘下,里面铺上浴巾,撒上大量猫咪喜欢的零食。观察它的行动,一旦它进去吃了就追加2~3颗。如果它能自己找到零食并进入航空箱就可以进行步骤2。

步骤 2

趁猫咪不在航空箱里的时候将门装上,但这个阶段还不要把门关上。为了防止门突然关上,可以用门挡将门固定住。如果它在有门的情况下还可以在里面吃东西,就进行下一步练习。

步骤 3

添加零食的时候将一只手放在门上。如果猫咪不介意的话,将门朝着关的方向移动1cm后马上还原,并添加零食。重复5次1cm后,接着重复5次2cm的操作,慢慢地扩大关门的范围,使之习惯。

步骤 4

在猫咪进入航空箱之后将门关到入口附近。在门可以马上打开的状态下,隔着门放入几次零食后,将门开到半开的状态。如果它吃完还不出来的话,轻轻地将门关上并添加零食。

步骤 5

在箱子里放入零食并锁上门。猫咪来到航空箱附近时,打开门让它进去。在它吃零食的时候轻轻地关上门,等它吃完用食指引导它出来。逐渐减少放入零食的量。

步骤 6

放入零食关上门。对着猫咪说"进去",然后打开门,等它进去后添加零食。关上门,添加零食,趁它吃的时候锁上门。然后马上打开锁,出不出来交给猫咪决定。

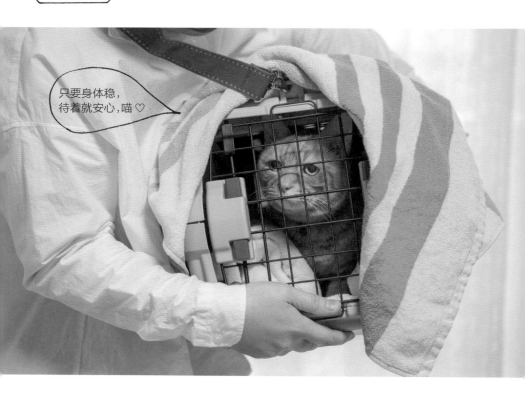

只要身体稳，
待着就安心，喵 ♡

待在航空箱里外出

这里介绍用航空箱移动猫咪时的拿法，
可以不摇晃使其感到安心。

　　你考虑过待在航空箱里外出的猫咪有多摇晃吗？

　　之前我家的爱猫得肺炎时，我用布做的航空箱将它背在肩上，通过步行和乘电车到了医院。结果打开箱子一看，猫咪在那里流鼻血，吓了我一大跳。医生诊断那是鼻子被网格擦伤造成的出血。在航空箱摇晃期间，箱子的格子部分正好碰到了猫鼻子上。本来就因为爱猫呼吸困难才带它到医院的，结果还把鼻子弄伤了，我好好地反省了一阵。猫咪状态不好的时候连家门都不想出，却要在航空箱里忍受剧烈的摇晃，导致身心俱疲。所以我们要想办法尽量不让猫咪感到晃动。

【 需要准备的东西 】航空箱、零食、毛巾（数条）
【 玩耍频率 】每天练习直到会做，会做了之后偶尔也要进行复习哦！

步骤
1

在航空箱里铺上宠物垫子或者毛巾等猫咪喜欢的东西。等到猫咪主动进入航空箱而不是被人弄进去时，奖励它零食。（可以参考P109）

步骤
2

待猫咪在航空箱里安稳地坐下来之后，将箱子的顶部打开。从上面放入卷成长条形的毛巾在它身体的左右两侧，像是将它固定住一样。这时再适当地给它增加点零食吧。

步骤
3

确认好猫咪身体的大小和航空箱中用毛巾留给它的空间大小正合适之后，将顶部盖上。这么做可以防止航空箱移动的时候过度晃动猫咪。

步骤
4

将毛巾包住整个航空箱。为了可以确认里面的情况，请将挂在前门处的毛巾稍微掀开一点。从缝隙处适当地添加一些零食给它。

步骤
5

从底部稳稳地抬起航空箱。一定要记得，我们抬的不是行李而是猫，因此一定要小心。安全起见，还可以用上肩带。

步骤
6

将航空箱抱在身体前方移动，练习在这种状态下也可以让猫咪吃零食。去医院的路上也许不能吃东西，但看病回来有时是可以吃的，所以给它点零食吃吧。

※出门的时候，为了保持舒适的温度，夏季可以将保冷剂、冬天可以将怀炉包在毛巾里并放在航空箱内。

被毛巾包着好开心啊！喵 ♡

毛巾游戏

**用毛巾包住猫咪进行移动的这个游戏，
也适用于在医院里将它从航空箱里抱出来。**

　　到了宠物医院不肯从航空箱里出来的猫咪为数不少。最好是能等待一会儿，让它们自己从箱子里出来，而不要强行将它们从箱子里拉出来。若强行拉它们出来的话，会导致它们从头到尾讨厌看病、讨厌医院！最近新开了一些温柔对待猫咪的宠物医院——猫咪友好诊所，对于不肯出航空箱的猫咪，他们会拿掉箱子的上半部分，然后用毛巾整个包住猫咪后将它们转移到看诊台上。让我们在家里就练好这项技能吧。

【 需要准备的东西 】上下分层的航空箱、毛巾（数条）、零食、弹舌（P21）给出信号
【 玩耍频率 】每天练习直到会做，会做了之后偶尔也要进行复习哦！

步骤 **1**

给只保留下半部分的航空箱盖上一点毛巾，在里面铺上毛巾，放一些零食在上面。如果猫咪能够若无其事地吃掉零食的话，在毛巾覆盖的部分下面再添加一些零食。

步骤 **2**

逐渐增加毛巾覆盖的范围。这时可以在航空箱里面撒满零食，然后用毛巾完全覆盖。目的是让猫咪即使全身都被盖住也能继续在里面找东西吃。

步骤 **3**

猫咪为了找零食从航空箱里出来，出来后马上又进入航空箱，让它重复多次这样的动作。趁它吃的时候，轻轻地掀起毛巾，为它添加零食。

步骤 **4**

慢慢地将毛巾覆盖到猫咪身上。趁它在吃零食的时候，沿着航空箱的两侧稍稍地压下毛巾。确认它是否还能正常地吃东西。

步骤 **5**

进一步将毛巾贴合到猫咪身上。像用毛巾裹住它的身体一样，用整个手掌触碰它的侧面身体，弹舌并给出奖励。先左右侧轮流，再慢慢过渡到两侧一起按。

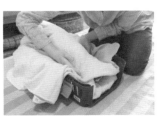

步骤 **6**

用毛巾包住猫咪的整个身体后，可以将手肘到手腕的部分贴着它的身体，像打捞似的将它抱起。开始只要等它脚一离开地面就弹舌，马上放下它并给予奖励，之后再循序渐进地抱高即可。

防灾准备清单
让我们检查一下是否做到了以下项目？

☐ 是否每天都给猫咪测量体重，对它的体重心中有数？ 🐾1

☐ 猫咪是否已经习惯了进入航空箱，以及待在里面移动？

☐ 发生地震或者警报响起的时候，可以一把抱住猫咪吗？

☐ 如果需要猫咪在汽车里过夜，平时是否做过这样的练习？

☐ 吃饭或者喝水的容器不一样的话，猫咪还能正常吃喝吗？

☐ 猫咪是否可以吃人们用手递过去的零食或者主食？

☐ 是否进行过用食物当奖励品的训练？

☐ 是否已经找到最有效的奖励品了？

☐ 是否可以用零食或者主食来控制猫咪的问题行为？

☐ 是否至少有一个月的猫粮储备？

☐ 猫咪是否能在人前表演几个小动作？ 🐾2

☐ 猫咪是否会主动靠近人？ 🐾3

☐ 猫咪是否跟家庭以外的人长时间相处，或者被照顾过？ 🐾4

☐ 猫咪是否能吃任何品种的猫粮？ 🐾5

☐ 是否进行过叫猫咪过来的练习？

☐ 是否进行过猫咪叫主人的练习？ 🐾6

☐ 作为猫咪可以安全躲藏的避难场所，是否在房间里放置了航空箱？ 🐾7

备 注

🐾 1 平时做好体重测量的话，就能够知道猫咪健康时的体重。体重是体现身体变化的一个重要指标，所以要了解健康时的体重才行。让我们一边轻松愉快地玩耍，一边进行让猫咪上体重计的练习，养成称体重的习惯吧。

🐾 2 这是让猫咪在避难所人见人爱的秘诀，非常有效。

🐾 3 让猫咪成为一只八面玲珑的猫吧。这样哪怕在逃出去的时候，因为敢靠近人，得救的机会也会增加。

🐾 4 这是临时将猫咪托付给别人时的必备技能。最终目标是让它成为在哪儿都能吃饭、能安心生活的猫。虽然对猫主人来说会有些失落，但这能增加它活下去的机会。

🐾 5 避难的时候，很难指定猫粮的厂家和牌子。平时让猫咪吃流通量大的牌子的猫粮比较稳妥。

🐾 6 猫咪一叫就给它回应这种躲猫猫游戏，在严格的宠物训练行业里好像被认为是违反规则的。我因为是推崇轻松训练的一派，所以经常会做这个游戏。要领是它一用可爱的声音叫我们，我们就马上给予回应。①猫咪发出可爱的叫声后，猫主人马上跑到它跟前或者用声音给出回应。②叫了猫咪的名字后，如果它回答了，马上跑到它跟前去。①和②，如果光是猫主人出现在它面前已经无法增加行动次数后，请用食物作为奖励。在躲猫猫游戏中，通过各种形式的练习，如果最终能将猫咪抱起来的话，就会更加有用了。

🐾 7 这和学校里进行避难训练时，让孩子们躲在桌子底下是一个道理。猫咪在状况发生时主动进入航空箱避难，之后我们只要关上箱门就可以了。这是最迅速、安全的收容办法。因为猫咪很容易从坏了的门和窗户中跳出去而走丢，所以推荐平时就用好这个方法。

这些事准备起来很难吗?!

我家的猫咪做不到? 也没必要?

前一页的清单是我根据2016年熊本地震后发表在自己Facebook上的内容整理出来的东西。这些东西无论对狗还是猫来说都是一样的。不过在Facebook上说自家的猫咪无法做到的猫主人特别多。

另外,向和年幼健康的猫咪生活在一起的养猫新手们解释对健康管理有用的训练方法,他们也未必能理解。

和疾病作斗争以及无法消失的悔意

对受诊动作训练感兴趣的大部分猫主人,都有过爱猫和疾病作斗争的经历。因为生病的痛苦和看诊及看护的压力重叠在一起,给猫咪造成了很大的负担。当他们意识到这点时就会觉得,还是应该趁猫咪健康时做好准备为好。

为地震做准备也是如此。特别是对于猫咪来说,当它们受到惊吓躲了起来,而我们因为余震不能进屋搜寻;当它们从破损了的门或窗里跳出去,便再也找不回来了……像这样,猫咪比狗狗遇到生命危险的概率要高很多。为了不要事后吓得不轻或者事态变得无法挽回,一定要牢记事前做好准备的重要性。

如果它可以被我摸的话,应该早就能注意到它身体的异样了……

为了给它点眼药水,我强行摁住了它……

最讨厌去医院了……把它装在洗衣袋里去医院真是太痛苦了……

明白道理但就是不去做的理由

很多人可以预想，现在健健康康的猫咪也会变老或者生病。他们能意识到早晚会有地震发生，甚至能理解事先练习对猫咪是有用的，但却很难行动起来。

实际上，我们的行为也受到行为发生之后的事情的影响。教猫咪做这些准备的行为，不要说不会马上派上用场，很多时候甚至永远没有用武之地。因为我们教完后不会立刻发生什么，所以导致我们无法去重复这件事情。

然而，预测并做好准备正是我们成年人要做的事。如果是快乐地教它们做一些可爱的小动作，那么教的过程和教会它们都是对我们的一种奖励，开始教也好持续教下去也好，都没有想象中的那么难。

练习从不说谎

练习时不可能重现地震时的状况，因此练习就是练习，无法跟实际情况相提并论。此外，在家里再怎么进行受诊训练，到了宠物医院后的诊疗和治疗中还会有一大堆难题发生，不能勉强猫咪都能应付。

但是，如果平时教它们做可爱的动作、进行社会化练习，除了看病，也经常带它们去宠物医院体检、增加上医院的次数，为它们创造各种学习机会的话，它们适应新事物的时间就会缩短，也能够恰当地应付一些情况。看似在轻松地用奖励品做游戏，其实它们在这个过程中培育起了顽强的生命力！

吃药的和喂药的都很辛苦……

第7章

和猫咪玩游戏问答及总结篇

如果在练习中碰到问题或者有什么疑问的话，请参考本章介绍的问答部分并回到第1章进行复习。另外，对于已经完成所有游戏"秘方"的人来说，也不要到此结束，还是请每天进行复习，将游戏进行到底。如果猫咪玩腻了一种游戏，可以将几个游戏结合在一起，挑战新的游戏。和猫咪一起努力学习的点点滴滴，都会成为美好的回忆。

问：我养了好几只猫咪，请问可以一起做游戏"秘方"的练习吗？

答： 对于游戏"秘方"（响片游戏）来说，
需要和主人一对一地进行练习！

为了让猫咪容易理解游戏规则，分别和它们进行练习是游戏的基本原则。此外，猫主人和猫咪之间建立起一对一的关系也很重要。我听同时养几只猫的主人说起过"如果是一只猫的话，它连零食都不肯吃"这样的事。还有人说想做响片游戏，但没办法只跟一只猫做。平时没什么事的时候，这样可能问题不大，但请考虑以下情况。

假设家里的猫咪发生了一些状况，其中的一只被关在另一个房间里，吃不上饭了。如果放任自流的话，万一发展到需要用饮食疗法来严格管理饮食或者上医院（不光这只猫咪，还包括其他的猫咪）的话，可能会没办法好好吃饭。这时，如果分不清是因为身体状况不好而没有食欲，还是因为被隔离而无法好好吃饭的话，本身就会引起严重问题。通过训练做到"认真对待每一只猫咪"，可以成为解决上述问题的契机。现在开始好好地和猫咪一起练习吧。

接下来该轮
到我了吧

问：
**我家那只猫咪天生对零食不感兴趣，
因此总是无法玩好这些游戏。
请问有什么好的方法吗？**

答：除零食之外，为它做喜欢的事也是方法之一

不光是零食，找出猫咪特别喜欢的东西在很多时候都能派上用场。虽然我希望为它们找到喜欢的食物，但除此之外，它们应该还有其他喜欢的东西或者事情吧？比如有的猫咪喜欢被摸下巴、有的喜欢被挠痒痒、还有的喜欢被主人捶捶背……每只猫咪喜欢的东西各不相同，哪怕不喜欢吃零食，做这些它喜欢的事情也能成为奖励。

另外，请按时让猫咪吃饭，如果它们能随时吃到猫粮的话，那只有特别美味的食物才能成为奖励品了。也许这正是造成它们对零食不感兴趣的原因，在它们习惯这种游戏之前或者挑战有难度的游戏时，可以用特别的奖励品，但最好还是从一天的食物总量里拿出部分作为奖励品。

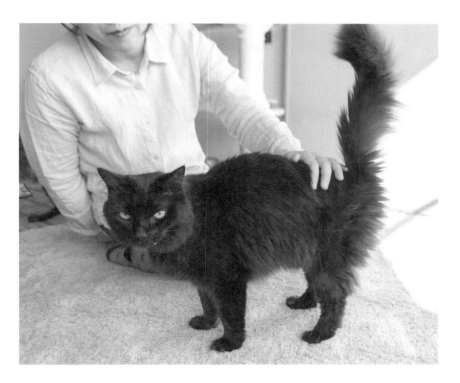

问：我家的猫咪正在减肥，请问可以给它零食吃吗？

答：只要是从食物总量里拿出来一部分，就可以消愁解闷、元气满满！

　　有经验的人都知道，减肥（限制食物）是很痛苦的，一天到晚想吃却又不能吃。如同人们在减肥时对零食抱有的那种幸福感一样，本书中使用零食（奖励品）的游戏"秘方"，也可以为减肥中的猫咪解忧。准备好一天的食物，从里面分出充当零食的量，通过游戏或者益智喂食器慢慢地让它们吃掉。这样既能让猫咪暂时忘记减肥的痛苦，又能努力玩游戏，减肥一定更容易成功吧。

问：在兽医的推荐下采用了饮食疗法。请问拿什么作为奖励比较好？

答：就从饮食疗法用到的食物中拿一些出来用吧。
此外，推荐准备一些不同口感的奖励品。

对于有健康问题的猫咪来说，能做的游戏可能会受到限制。不过对于正在采用饮食疗法的猫咪来说，只要还能好好吃饭，都可以玩使用食物奖励的游戏。首先准备好一天所需的食物量，然后从这些里面取出今天游戏所需的量，装入密封盒等容器里面。玩的时候就把盒子里饮食疗法通常用到的食物当作零食。

如果一天结束还没用完的话，就将这些原本作为游戏奖励的零食全部当作晚餐给猫咪吃（请多跟它做游戏以便这样的日子不要一直持续）。

另外，随着口感的变化，猫咪可能会喜欢上吃一样东西。即使是针对某些疾病特制而成的饮食疗法的食物，也未必只有一个厂家在做。还有，即使成分相同，也会有干有湿。平时吃的用湿的食物，零食就改为干的食物，如此区分就有可能引起猫咪的兴趣。请一定跟兽医解释一下情况，探讨一下有没有其他可以替代的食物。

口感不一样，
我喜欢,喵

让我们将口感不同的干的食物(左)和湿的食物(右)灵活运用起来吧。

问： 我家有一只幼猫和一只8岁的猫。
请问游戏"秘方"从幼猫开始练习
比较简单吗？

答： 成年猫和幼猫都可以

很多人都认为"只有幼猫才教得会吧"。但在我刚开始使用响片进行训练的初学阶段里，和几只猫一起玩过响片游戏之后发现"幼猫其实很难搞定……"。它们真的还不如成年猫来得沉稳，可以稳步地跟着我们一起努力。因此对于初学者来说，一开始的对象还是选择成年猫比较合适哦。

猫咪还小的时候，我推荐让它们使劲儿玩玩具，以及玩游戏"秘方"里动得比较多的游戏。"秘方"里像受诊动作训练那样需要它们安静待着的游戏，请趁它们玩到有点儿困的时候再慢慢练习。另外，一定要趁着猫咪还小的时候进行适应客人的训练（P102）。认真训练的话成年猫也可以习惯客人，但幼猫时期就训练好的话，可以提早帮它们减轻负担。

： 我家的猫咪看见零食太激动，都完成不了游戏。
请问有什么解决办法吗？

答： 趁它刚吃完还饱着的时候做就可以了

　　对零食感兴趣的猫咪通常更容易记住游戏的玩法，然而的确有一部分猫咪会因为对眼前的零食过于兴奋而彻底忘了游戏这件事。这时我们可以用平时给它吃的猫粮作为零食。如果它还为之兴奋的话，就请在它刚吃饱的情况下做练习。作为奖励品，复习已经会了的或者每天都做的游戏时请给它平时吃的猫粮，刚开始学习或者挑战有点儿难度的游戏时可以给它更好吃的零食。

哈!

来吧,我随时待命,喵!

（总结"秘方"） **看剑！受我一剑！**

**如果已经学会了前面所有的游戏，
就来挑战这个可以说是集本书所有技能于一体的游戏吧！**

"看剑！受我一剑！"指的是猫主人用手做出刀的样子，砍下并让猫咪接住。如果主人和猫咪之间步调不一致的话，这个游戏就很难完成。

之前练习的各种各样的游戏"秘方"，都跟能否学成"看剑！受我一剑！"有关系。如果猫咪的两只前脚都可以击掌并且能够站立，就说明突破了第一阶段。然后，如果你一示意要开始响片游戏，它就马上显露出兴奋的样子，那么第二阶段也突破了！之后如果你能和猫咪步调一致地完成本章的游戏，可以说你们之间的沟通已经毫无障碍了。

【需要准备的东西】响片、零食
【玩耍频率】每天练习直到会做，会做了之后偶尔也要进行复习哦！

步骤 **1**

首先来温习一下击掌。右前脚来一下，左前脚来一下，直到两只脚都可以单独击掌。如果猫咪不会做，请回到击掌练习部分（P34），重新复习一遍。

步骤 **2**

将击掌的位置升高，直到猫咪稍微抬起另一边的前脚来。重复练习，直到它可以击到手背。完成击掌后就按下响片给予奖励吧。

步骤 **3**

交替练习右前脚和左前脚的击掌动作。等猫咪完成动作后一定要按下响片给予奖励。可以从上往下移动手掌，做出刀的样子。

步骤 **4**

通过重复步骤1和步骤2，就很容易同时伸出两只前脚。刚开始只要它同时伸出两只前脚，无须夹到手掌，就可以按下响片并给予奖励。重复多次直到可以熟练完成。

步骤 **5**

说"看剑！"的同时举起"手刀"，给出信号。然后说"受我一剑！"的同时劈下去，如果猫咪能够抓住"手刀"就算成功。完成后，夸它"真乖"并奖励它特别美味的零食吧。

小贴士

对于怎么也不肯站起来的猫咪来说，请将手指从它头上伸出，练习"站立"（P50），一旦它碰到食指就按下响片。这些动作跟"看剑！受我一剑！"是相关的，请引导它做这些动作，朝着最终目标前进。

克服怕生！

请不要因为猫咪天生胆小而放弃训练

在本书中担任模特之一的我的爱猫"Nyanmaru"，别看它现在既善于拍摄又不怕客人，在进行响片训练之前可是一只见到客人就逃跑的特别怕生的猫咪。虽然很多猫咪都怕生，但如果认为猫咪就是这样而不去管它，那就大错特错了。猫咪是能够习惯客人的。这也关系到它们习惯兽医或者宠物保姆。为了减轻猫咪被别人照顾或者被兽医问诊时的负担，就需要在平时没事的时候让它们适应客人的到来。

Nyanmaru克服认生的道路

在Nyanmaru还很怕生的4~5岁时，有一次家里来客人，它躲到了被炉下面。我们夫妻俩和两位客人围在被炉旁边谈笑风生了将近一个小时。客人回去后不久，Nyanmaru从被炉里出来了，却一直很焦虑，之后甚至将理发回来的我先生当成了客人，陷入了恐慌的状态。从那以后，我就坚信要给它创造一个即使有客人来也可以躲藏的地方。

之后又过了几年，和Nyanmaru（当时7岁）开始响片游戏后，它变得很喜欢做游戏并逐渐擅长做这些动作。在它会的东西越来越多后，我开始想要在人前展示一下。结果遗憾的是，它还是那只客人一来就会消失得无影无踪的猫……这该如何是好呢？

思考了一番后，我想到的是，只要做到让它理解"客人=有好吃的"就行了。

既然Nyanmaru已经理解了"响片的声音=有好吃的声音"这一规则并且乐在其中，那么这次只要建立"客人=有好吃的"不就好了吗？但实际上教会它"客人=有好吃的"并不容易。正是因为怎么也教不会它理解这个规则，于是我开始认真研究"行为心理学"。

如何记住"客人=有好吃的"？

说起来，对于怕生的Nyanmaru来说，"客人"是"令人讨厌的、可怕的东西"。那么将"客人"等同于"好吃点儿的零食"不就行了吗？这个如意算盘可是打过头了。响片的声音对于猫咪来说本不代表什么，然而按响片给零食代表的"响片的声音=有好吃的"，和客人来给零食代表的"讨厌的客人=好吃的东西"，这完全是两码事。

想要让猫咪习惯一些东西，比如它们不喜欢的或者感到恐怖的东西，就要跟受诊动作训练一样（P98-P99），要找到将刺激降到最低程度的方法。如果不在猫咪感到"虽然有点儿不安，但可以忍受"的范围内进行练习的话，就只会成为我们自我满足而猫咪却不得不忍受的练习。因此我推荐请宠物保姆来协助练习。拜托朋友当然也可以，但宠物保姆（猫咪保姆）既可以以工作的形式委托，又可以不跟猫咪碰面，猫主人还不用招呼他们，这些都是优点。

通过响片增加和猫咪之间的信任

按照顺序，为了让猫咪在作为客人的宠物保姆来了之后不感到害怕，首先要为它们准备好一个安全（可以隐藏的）的地方。在习惯客人之前如果有一个可以逃避的地方，猫咪会感到安心。让猫咪习惯客人的游戏"秘方"在P102-103上有介绍，推荐根据"秘方"使用响片。如果它们喜欢跟主人玩响片游戏，那么通过响片的声音就容易传达给它们"这样做是可以的！要靠近这个人！"这样的信息。当客人（宠物保姆）按下响片时，它们也更容易认为"啊，这个人也会跟我玩这样的游戏！？那要不也跟他一块儿玩吧♪"。

怎样才能跟语言不通的动物尽早建立起良好的关系呢？考虑这个问题的时候，我认为和动物一起做类似响片游戏这样的练习是有效的。哪怕是为了克服怕生，我也希望猫主人和猫咪可以一起快乐地玩"秘方"里介绍的这些游戏。

和主人在一起最开心啦，喵♡

注重过程而不是注重结果的游戏

请将本书介绍的响片游戏想象成手势游戏（和同一组里的伙伴们一起猜手势所表达的意思），思考怎么做才能让伙伴（猫咪）容易明白，并付诸实践。一件事情有很多表达方式，其中哪些对我们的组合（猫主人和猫咪）来说是容易明白并方便沟通的，需要一个一个去试。在不断重复挑战游戏的过程中，会逐渐建立起"自己的这个组合容易明白"的规则。只有像这样和猫咪一起做游戏，才能最终来到猫主人们最想要学会的受诊动作训练。

我认为，只有"一起做"这个游戏才有意义，而不是"学会它"。所以请一定要去思考"怎样才能学会这个游戏""怎样才能将自己的想法传达给猫咪"，而不是想着"学会做这个游戏"。本书提供的每一种做法，都只是其中的一个例子、想法和建议而已。我希望大家可以从这些例子中得到提示，并通过自己这个组合拓展出各种各样的方式。也希望大家可以通过寻找适合自己的方法得到良好的体验，从而加深和猫咪之间的感情。经常听到有人说，要在有了"信赖关系"的基础上才能进行训练，其实并非如此，而是要去"建立信赖关系"。

请和猫咪一起挑战本书中的各个"秘方"，通过和它做一个又一个的游戏来找到你们之间容易明白和沟通的方法。找方法的过程就是沟通的过程。不是学会做，而是和猫咪取得交流，这个过程才是做游戏的意义所在。本书只是提供了一些如何做沟通的选项。如果你无法完成，请和猫咪一起找到原因并想办法完成。是否为猫咪准备了它喜爱的奖励品？有没有给出猫咪容易明白的信号？为了不让猫咪感到负担，是否循序渐进地进行练习？我希望大家能从科学的角度出发，和猫咪进行良好的沟通，加深彼此之间的感情。

最后，讲一些我和猫咪之间的私人故事。和我一起生活的第一只猫咪叫"Myuu"，它让我实现了多年的凤愿，当初费尽心思为它起名字的过程现在想起来也很美好。当时的它小到我用一只手就可以托起，是被我用奶瓶喂大的。然而最心累的却是断奶的时候。当时我的口头禅是："这是为了Myuu好！"我一边对它这么说，一边把断奶用的食品塞进了它的嘴里。

　　后来，我在之后来我家的猫咪（Yamato）生病时常说的话也是"这是为了Yamato好！"。一边说一边将Yamato塞进航空箱并把它带到医院，每天强行给它喂大颗粒的药。虽然也有"总这么做的话会被Yamato讨厌的"这样的念头飘过，但当时一心只想治好它的病，其他什么都不管了。开始做响片游戏后发生了数不清的好事，其中最有用的一点是可以了解每只猫的喜好。当爱猫Tetora被宣告将不久于人世时，我就得以准备它平时喜欢的东西。这不仅仅是为了Tetora，也是对我心灵的一种慰藉。为猫咪做一些事情，得从平时就开始准备，而不是在它身体不好的时候才开始。

　　即使说自己是"猫奴"的人，一旦有什么事的时候，也会变成嘴上说着"为了猫好"，手却强行去摁住它的人。这些人深信猫咪无法管教、无法训练，于是压根儿就不去关注训练方法和让猫咪接受的方法。你是否也是这样，连学习的机会都不给就强行摁住猫咪，说一句"为了猫咪好"就打发过去了？这是件令人感到非常遗憾的事。

　　如果你拿到这本书并开始阅读，请去做一些真的是"为了猫咪好"的事情吧。这时就不再是说着"为了猫咪好"却强迫它做什么了，而是要在没什么事的平时就跟猫咪一起，为了应对紧急时刻而做准备。这样不仅可以加深你和猫咪之间的感情，还能让游戏成为你们共同的美好回忆。请你和爱猫一起快乐地挑战这些游戏，无论何时何地，如能听到你们之间传来的好消息，我将不甚荣幸。

坂崎清歌

在本书中出现的猫咪大集合！

感谢猫咪

隆重介绍挑战28个游戏"秘方"的各位猫咪，
以及通过照片向我们展示可爱身姿的猫咪们。

Nyanmaru ♂

作者坂崎清歌的爱猫，也是她的好伙伴。虽然已是17岁的高龄，却是超级喜爱响片游戏的能手。

Cyaa ♂

坂崎家的"长子"，马上就19岁了。下垂的眼睛和丰富的表情是它的魅力之处。

Daikichi ♂

长长的身体是它的标志。别看它个头大，却是只性格稳重、悠然自得，按自己节奏来的爱撒娇的猫咪呢。

Piko ♂

竖着毛茸茸的尾巴在家里巡视是它每天都会做的功课。超喜欢别人轻拍它的腰部。

Kiki ♀

超喜欢吃冻干的鸡胸肉。玩的时候喜欢带镭射的玩具。

Jiji ♂

擅长跳跃。拿手好戏是以主人放在头上方的手为目标跳跃。

Kagetora ♂

并没有俄罗斯蓝猫那种安静怕生的习性。是只爱撒娇和贪吃的猫咪。

Ubu ♀

往外翘的卷耳颇具魅力。是位爱撒娇又超任性、具有双重性格的"大小姐"。

Ikkyuu ♂

有弧度的可爱卷耳是它的标志。其实它不喜欢被人抱哦。

Tubu ♀

有弧度的可爱的卷耳遗传了老爸(Ikkyuu)。好奇心旺盛，喜欢和人打交道，是人见人爱的性格♡

Cyokkaku ♂

声音大遗传了老妈。是只害羞、食量大又超级爱撒娇的猫咪♡

Souta ♂

擅长打开拉门和抽屉。虽然顽皮，却超爱撒娇。

Meru ♀

是右图里Cyama的姐姐。虽然是"女孩子"，却超喜欢做游戏，活泼又充满朝气。

Cyama ♂

是左图里Meru的弟弟。性格有点儿粗暴，是不喜欢被抱的顽皮的猫咪。

Asera ♀

小小的脸上镶嵌着一双大大的眼睛，超级可爱。是什么都想独占的"千金小姐"。擅长一跃跳到主人的肩膀上♡

Tanpe ♂

喜欢吃！喜欢陌生人！超级无敌喜欢响片和新的游戏。

Bebe ♀

是性格谨慎的"女孩子"。擅长一边跳一边用两只手接住食物来吃。

B ♀

凡事都要争第一，争不到就会闹别扭的"大小姐"。擅长做可爱的招财猫动作。

Tabi ♀

因为原来是野猫，所以对食物充满动力。很擅长训练哦。

Nosiko ♀

客人心目中人气排名第一的爱撒娇的猫咪。接待客人的任务就交给它咯。♡

Syacyou ♂

超爱玩的力量型"男生"。因为好奇心旺盛，所以拍照时对照相机和人都很感兴趣。

图书在版编目(CIP)数据

猫咪的第一本游戏书：玩出亲密与纪律 / (日)坂崎清歌，(日)青木
爱弓著；牛莹莹译. —上海：上海世界图书出版公司, 2020.6
ISBN 978-7-5192-7025-4

Ⅰ.①猫… Ⅱ.①坂…②青…③牛… Ⅲ.①猫–驯养
Ⅳ.①S829.3

中国版本图书馆CIP数据核字(2019)第260375号

NEKO TO NO KURASHI GA KAWARU ASOBI NO RECIPE

by Kiyoka SAKAZAKI and Ayumi AOKI

Copyright © 2017 Seibundo Shinkosha Publishing Co., Ltd.

Original Japanese edition published by Seibundo Shinkosha Publishing Co., Ltd.

All rights reserved

Chinese (in simplified character only) translation copyright 2020 by World

Publishing Shanghai Corporation Ltd.

Chinese (in simplified character only) translation rights arranged with Seibundo

Shinkosha Publishing Co., Ltd. through Bardon-Chinese Media Agency, Taipei.

书　　名	猫咪的第一本游戏书：玩出亲密与纪律	
	Maomi de Di-yi Ben Youxishu: Wanchu Qinmi yu Jilü	
著　　者	[日]坂崎清歌　[日]青木爱弓	
译　　者	牛莹莹	
责任编辑	苏靖	
出版发行	上海世界图书出版公司	
地　　址	上海市广中路88号9–10楼	
邮　　编	200083	
网　　址	http://www.wpcsh.com	
经　　销	新华书店	
印　　刷	上海锦佳印刷有限公司	
开　　本	890mm×1240mm　1/32	
印　　张	4.25	
字　　数	140千字	
印　　数	1–5000	
版权登记	图字 09-2018-1112 号	
版　　次	2020年6月第1版　2020年6月第1次印刷	
书　　号	ISBN 978-7-5192-7025-4 / S · 19	
定　　价	35.00元	